一看就会的 钩针编织 **100** 例（英伦风格篇）

[日]E&G 创意　编著

韩慧英　陈新平　译

中国水利水电出版社

www.waterpub.com.cn

目录

PART I
玫瑰花园
第 4～15 页
作品图 * 教程

I
P.4 * P.6

2
P.4 * P.7

3
P.4 * P.7

4
P.8 * P.10

5
P.8 * P.10

6
P.8 * P.10

7
P.9 * P.11

8
P.9 * P.11

9
P.9 * P.73

I0
P.9 * P.73

II
P.12 * P.14

I2
P.12 * P.74

I3
P.12 * P.14

I4
P.13 * P.15

I5
P.13 * P.15

I6
P.13 * P.15

PART II
色彩花园
第 16～43 页
作品图 * 教程

I7
P.16 * P.19

I8
P.16 * P.18

I9
P.16 * P.18

20
P.20 * P.22

2I
P.20 * P.22

22
P.20 * P.22

23
P.20 * P.74

24
P.21 * P.23

25
P.21 * P.23

26
P.21 * P.23

27
P.24 * P.26

28
P.24 * P.26

29
P.24 * P.26

30
P.25 * P.27

3I
P.25 * P.27

32
P.25 * P.27

33
P.28 * P.74

34
P.28 * P.30

35
P.28 * P.30

36
P.28 * P.30

37
P.29 * P.31

38
P.29 * P.31

39
P.29 * P.31

40
P.32 * P.34

4I
P.32 * P.34

42
P.32 * P.34

43
P.32 * P.19

44
P.33 * P.35

45
P.33 * P.35

46
P.33 * P.35

47
P.36 * P.38

48
P.36 * P.38

49
P.36 * P.38

50
P.37 * P.39

5I
P.37 * P.73

52
P.37 * P.39

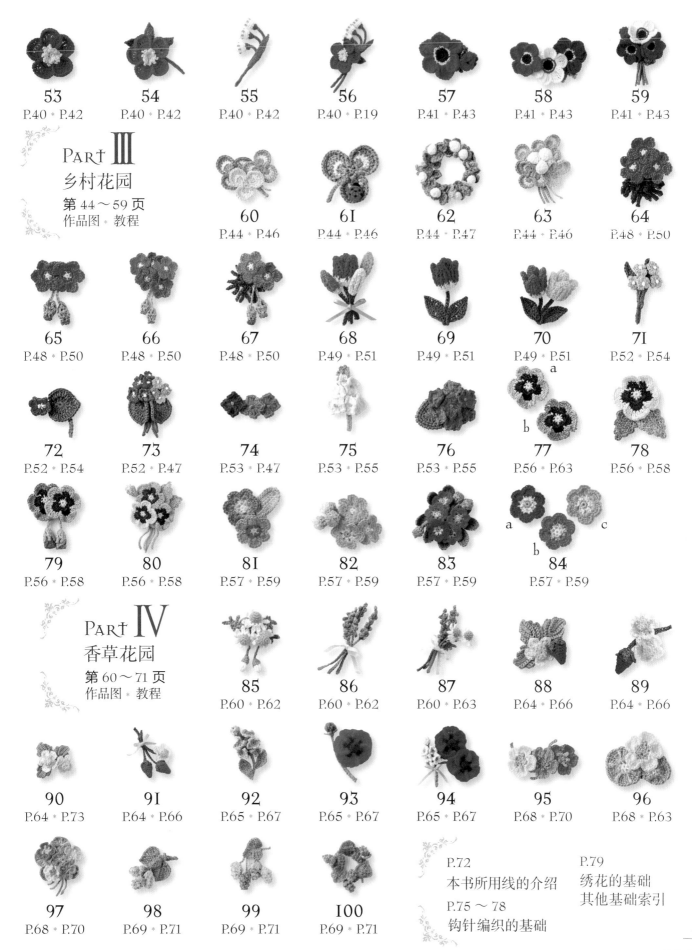

53
P.40 * P.42

54
P.40 * P.42

55
P.40 * P.42

56
P.40 * P.19

57
P.41 * P.43

58
P.41 * P.43

59
P.41 * P.43

PART III

乡村花园

第 44～59 页
作品图 * 教程

60
P.44 * P.46

6I
P.44 * P.46

62
P.44 * P.47

63
P.44 * P.46

64
P.48 * P.50

65
P.48 * P.50

66
P.48 * P.50

67
P.48 * P.50

68
P.49 * P.51

69
P.49 * P.51

70
P.49 * P.51

7I
P.52 * P.54

72
P.52 * P.54

73
P.52 * P.47

74
P.53 * P.47

75
P.53 * P.55

76
P.53 * P.55

a

77
P.56 * P.63

b

78
P.56 * P.58

79
P.56 * P.58

80
P.56 * P.58

8I
P.57 * P.59

82
P.57 * P.59

83
P.57 * P.59

a

c

84
P.57 * P.59

b

PART IV

香草花园

第 60～71 页
作品图 * 教程

85
P.60 * P.62

86
P.60 * P.62

87
P.60 * P.63

88
P.64 * P.66

89
P.64 * P.66

90
P.64 * P.73

9I
P.64 * P.66

92
P.65 * P.67

93
P.65 * P.67

94
P.65 * P.67

95
P.68 * P.70

96
P.68 * P.63

97
P.68 * P.70

98
P.69 * P.71

99
P.69 * P.71

I00
P.69 * P.71

P.72
本书所用线的介绍

P.75 ～ 78
钩针编织的基础

P.79
绣花的基础
其他基础索引

Part I 玫瑰花园

充满华丽感和高贵感的英式玫瑰花园。
枝叶优雅舒展，缠绕于墙壁和拱门，华丽盛开的玫瑰花吸引着我们进入花园。

编织方法 ► 作品 1 - 第 6 页　作品 2 · 3 - 第 7 页　设计 / 编织 河合真弓

Red rose

红玫瑰

4

重点教程 作品 I·2·3 作品图 ► 第 4 页

☞ 玫瑰（花 a）的组合方法

1 花瓣编织完成之后，抓住花瓣的锁 2 针使其突出（左图），正面对合从起针的编织始端卷曲（右图）

2 调整成玫瑰的形状，看着反面用珠针固定底部。

3 编织始端的线头穿针，从中心向外侧穿针（左图）。稍稍空出间隔入针，呈放射状订缝接合（右图）。

4 充分订缝接合之后，玫瑰完成（反面）。

重点教程 作品 I·3 作品图 ► 第 4 页

☞ 花蕾的组合方法

1 花蕾和花萼编织完成之后，正面对合花蕾，从右端卷曲成形，并用珠针固定。

2 编织始端的线头穿针，交替挑起织片和加长针头部的内侧半针，从下至上订缝接合。

3 正面对合花萼、盖住花蕾的底部，用珠针固定之后，按回针缝的要领订缝接合花萼第 1 行的头部。

4 花蕾整体完成。

重点教程 作品 3 作品图 ► 第 4 页

☞ 茎部和花萼的组合方法

1 编织花萼和茎部，茎部的铁丝穿入花萼的中心。

2 用钳子将穿入花萼内侧的铁丝制作成环状。

3 茎部的线头穿针，用此线头止缝铁丝环和花萼的织片。

4 茎部接合于花萼。右上图为花萼的内侧中心。

重点教程 作品 II·I2·I3 作品图 ► 第 12 页

☞ 花瓣的编织接合方法

1 入针于基底短针的扭针剩余的内侧半针，挂线于针尖引出，接线。右上图为接线完成状态。

2 挑起基底的扭针剩余的内侧半针，按记号图编织。图中为花边①编织完成状态。

3 至花瓣⑩~⑮的第 2 针，均编织于基底第 4 行的内侧半针（参照图片 2 的箭头）。

4 花瓣⑮的第 3 针~⑳编织于基底第 4 行的外侧半针（参照图片 3 的箭头）。图为花瓣⑯编织完成状态。

基底

通用编织图

※编织指定行数

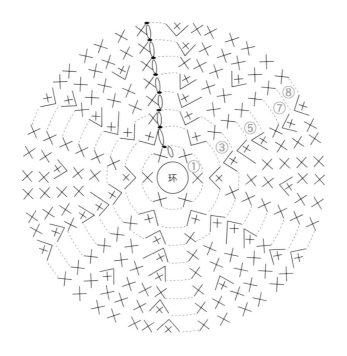

针数表		
行数	针数	加针
8	48	+6
7	42	+6
6	36	+6
5	30	+6
4	24	+6
3	18	+6
2	12	+6
1	6	

作品 I

尺寸…参照图示

作品图 ► 第4页

重点教程 ► 第5页

HAMANAKA 华仕歌德钩织/红色（10）…6g 酷拉/绿色（13）…2g
别针/银色（9-11-2）…1个
钩针4/0号

花瓣 （10） 1片 ※延长保留编织始端的线头

编织始端 锁（52针）起针   4针1花样   ←①

花a 13花样

花蕾 （10） 1片 ※延长保留编织始端的线头

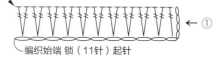

编织始端 锁（11针）起针   ←①

叶 （13） 2片

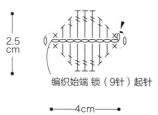

2.5cm

编织始端 锁（9针）起针

4cm

花萼 （13） 1片

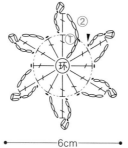

环   ①   ②

6cm

组合方法

①分别组合花a·花蕾（参照第5页）。

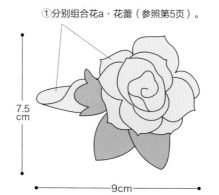

7.5cm

9cm

后侧

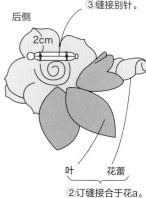

③缝接别针

2cm

叶   花蕾

②订缝接合于花a。

作品 2

HAMANAKA 迪迪钩织/红色（8）…5g、胭脂红（9）…5g 华仕歌德钩织/黄绿色（108）…2g
别针/银色（9-11-2）…1个
钩织3/0号

尺寸…参照图示
作品图 ► 第4页
重点教程 ► 第5页

花b（8）3片（9）2片
参照作品I的花瓣
（锁40针·10花样）
起针编织

花萼（108）5片
仅编织作品I的
花萼第1行

茎部（108）8根
纤维线（参照第79页）
6cm（25针）

花b的组合方法

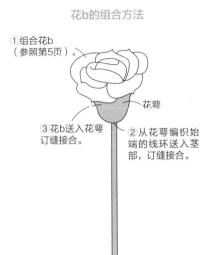

①组合花b
（参照第5页）。

③花b送入花萼
订缝接合。

②从花萼编织始
端的线环送入茎
部，订缝接合。

花萼

组合方法

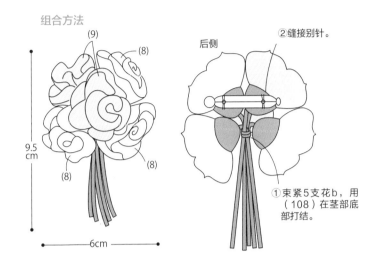

（9）
（8）
后侧
②缝接别针。

9.5cm

（8）
（8）

①束紧5支花b，用
（108）在茎部底
部打结。

6cm

作品 3

HAMANAKA 华仕歌德钩织/红色（10）…6g 酷拉/绿色（13） 迪迪钩织/红色（8）·胭脂红（9）各2g
华仕歌德钩织/黄绿色（108）…2g
别针/银色（9-11-2）…1个 手工花用铁丝（#30）…14cm（2根）·15cm（1根）·12cm（1根）
钩织3/0号（迪迪钩织·华仕歌德钩织）
钩织4/0号（华仕歌德·酷拉）

尺寸…参照图示
作品图 ► 第4页
重点教程 ► 第5页

花ab·花蕾·花萼·叶·茎部
花a·花蕾·花萼·叶
为作品I、花b为作品2，分别参照以下相同配色编织

配色表

	花瓣	花萼	叶	茎部（）内为长度
花a	（10）1片	（13）1片	（13）2片	（13）14cm的铁丝起针·短针25针（8cm）
花b1	（8）1片	（108）1片※仅编织第1行		（108）15cm的铁丝起针·短针30针（9cm）
花b2	（9）1片	（108）1片※仅编织第1行	（108）2片	（108）14cm的铁丝起针·短针25针（8cm）
花蕾	（10）1片	（13）1片		（13）12cm的铁丝起针·短针19针（6cm）

基底（13）1片
参照第6页的基底编织图编织7行

花b2的组合方法 ※花a·花b1·花蕾同样参照步骤①～③组合

茎部 ※按配色表指定颜色逐个编织。
※编织始端及编织末端的线头延长保留。

编织包住铁丝（参照第45页）

编织始端　　编织指定针数

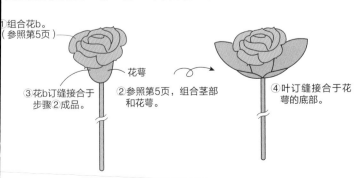

①组合花b。
（参照第5页）

③花b订缝接合于
步骤②成品。

花萼

②参照第5页，组合茎部
和花萼。

④叶订缝接合于花
萼的底部。

组合方法

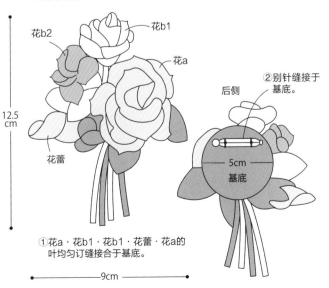

花b2
花b1
花a

12.5cm

花蕾

后侧
②别针缝接于
基底。

5cm
基底

①花a·花b1·花b1·花蕾·花a的
叶均匀订缝接合于基底。

9cm

4

5

6

编织方法 ► 第 10 页　设计 / 编织　松本薫

White rose

白玫瑰

7

8

9

10

作品 4

尺寸…参照图示

作品图➡第8页

DMC CEBELIA（10号）/绿色系（989）…3g、黄色系（726）·黄色系（743）…各1g
别针/银色（9-11-6）…1个
花边针2号

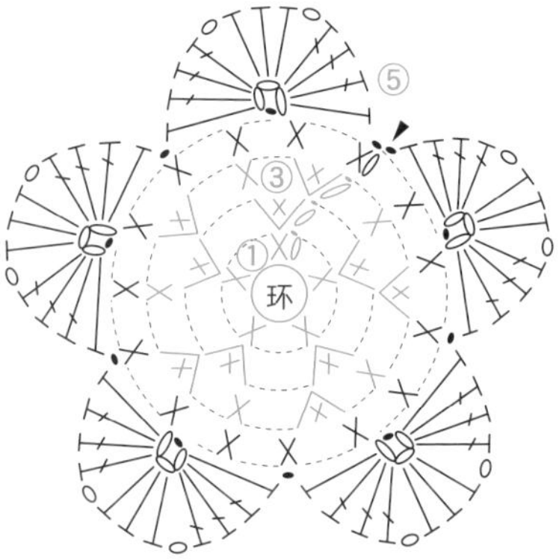
⑤
③
①
环

花 a·b各1片

花a	花b
—— =989	—— =989
—— =726	—— =743

花蕊 a（726）·b（743） a·b各1片 = 的省略

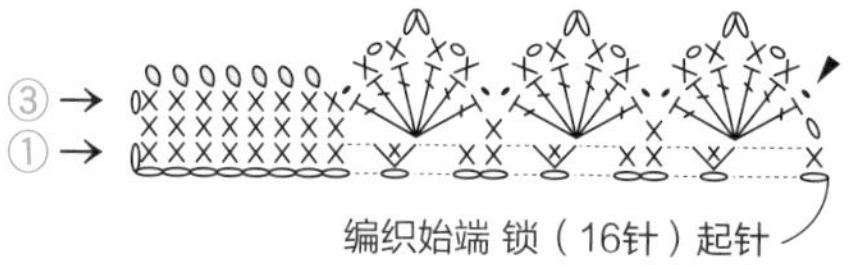
③ →
① →
编织始端 锁（16针）起针

基底（989） 1片

参照第6页的基底编织图编织4行

叶（989） a 2片 b 1片

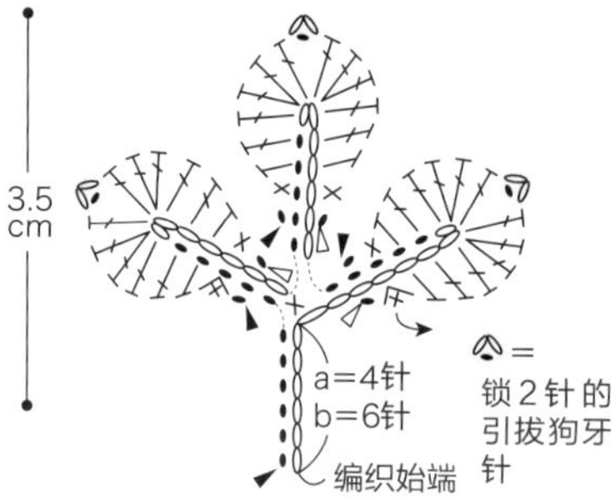
3.5 cm
a=4针
b=6针
编织始端
= 锁2针的引拔狗牙针

花的组合方法

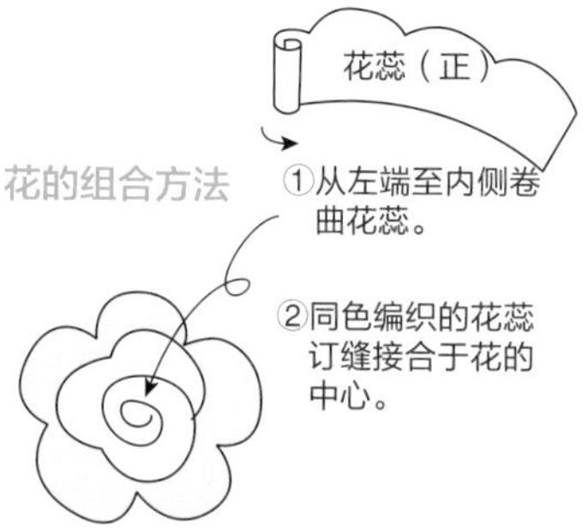
花蕊（正）
①从左端至内侧卷曲花蕊。
②同色编织的花蕊订缝接合于花的中心。

组合方法

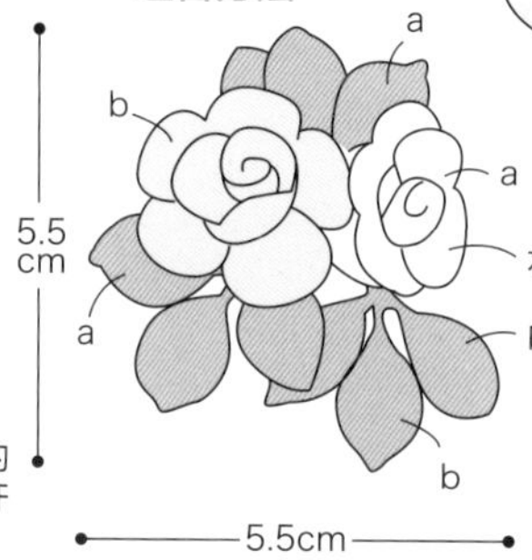
5.5 cm
a
b
a
花
叶
①订缝接合于基底。
a
b
5.5cm

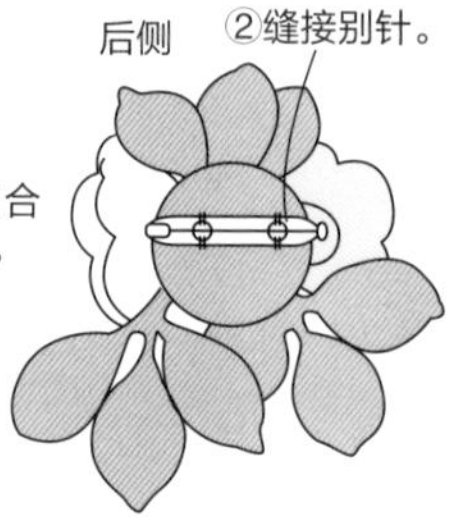
后侧
②缝接别针。

作品 5

尺寸…参照图示

作品图➡第8页

DMC CEBELIA（10号）/黄色系（745）·黄色系（746）…各2g
BABYLO（10号）/绿色系（890）…2g
别针/银色（9-11-6）…1个
花边针2号

花蕾 （745）1片 （746）2片

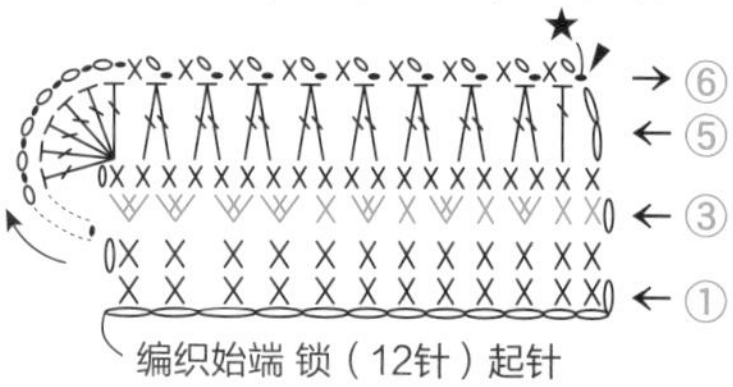
★
→ ⑥
← ⑤
← ③
← ①
编织始端 锁（12针）起针

花·花蕊 各1片

按以下配色参照作品4的花·花蕊同样编织，并同样方法组合

—— =890 —— =745 花蕊 =745

X·V = 挑起上一行针圈外侧半针进行编织

花萼 （890） 3片

※花萼延长保留编织始端的线头

花蕾的组合方法

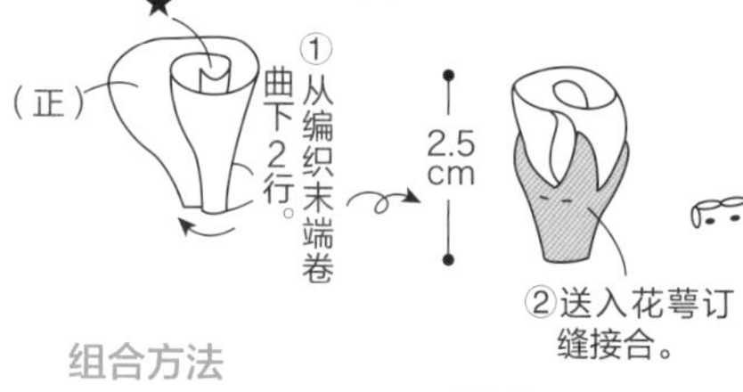
★
（正）
①从编织末端卷曲下2行。
2.5 cm
②送入花萼订缝接合。

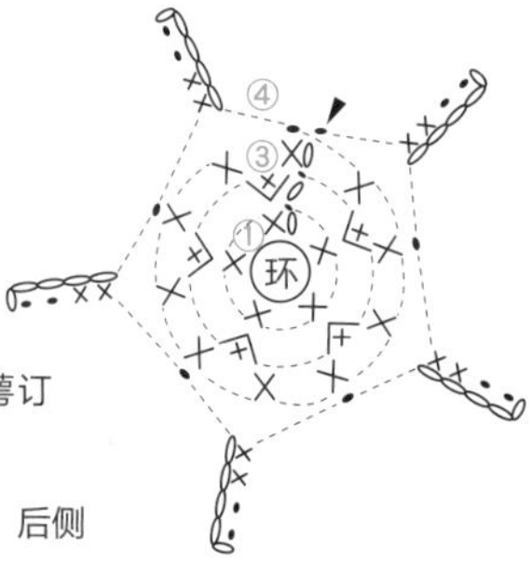
④
③
①
环

组合方法

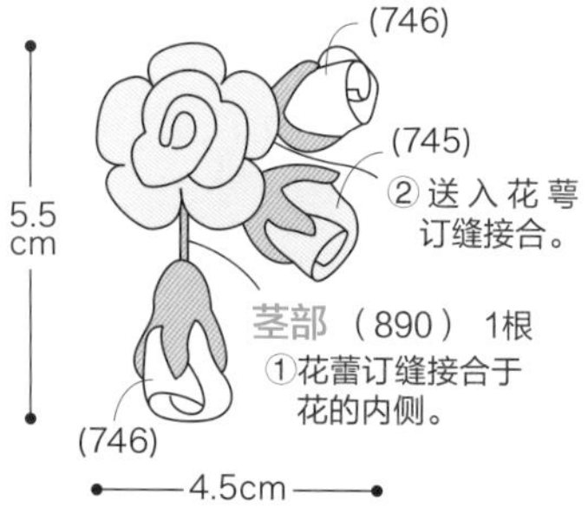
(746)
(745)
②送入花萼订缝接合。
5.5 cm
(746)
4.5cm

茎部 （890） 1根

①花蕾订缝接合于花的内侧。

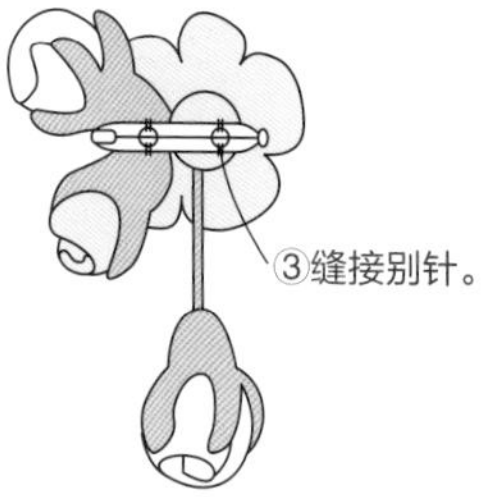
后侧
③缝接别针。

作品 6

尺寸…参照图示

作品图➡第8页

DMC BABYLO（10号）/绿色系（890）…5g CÉBÉLIA（10号）/黄色系（743）·黄色系（745）…各3g、黄色系（726）…2g
别针/银色（9-11-8）…1个
手工花用铁丝（#26）…26cm
花边针2号

组合方法

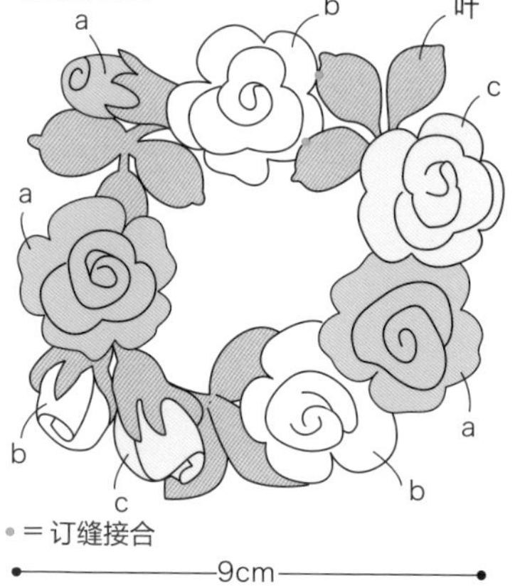
a
b
叶
c
a
a
b
c
b
• = 订缝接合
9cm

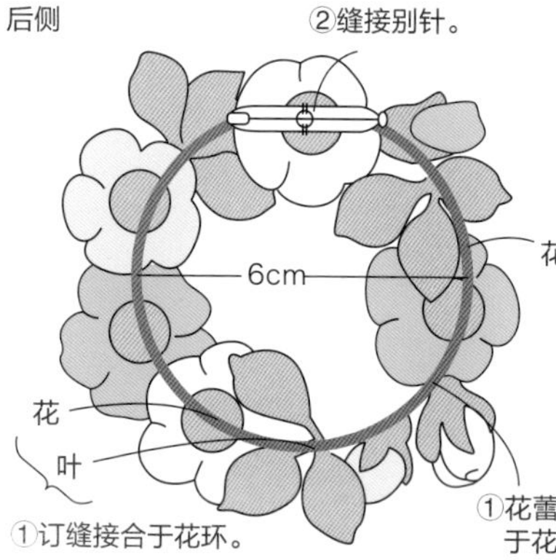
后侧
②缝接别针。
6cm
花环
花
叶
①订缝接合于花环。
①花蕾订缝接合于花蕾。

花·花蕊

按以下配色，参照作品4的花·花蕊同样编织，并以同样方法组合

a
—— =743
—— =890 } 2片
花蕊=743

b
—— =745
—— =890 } 2
花蕊=745

c
—— =726
—— =890 } 1片
花蕊=726

花环 （890） 1根

铁丝制作成直径6cm的圆形，编织短针100针包住铁丝（参照第45页）

花蕾

按以下配色参照作品5的花蕾同样编织，并同样方法组合

a=743
b=745 } 各1片
c=726

花萼 （890） 3片

按作品5 的花萼同样编织

叶 （890） 3片

按作品4 的叶a同样编织

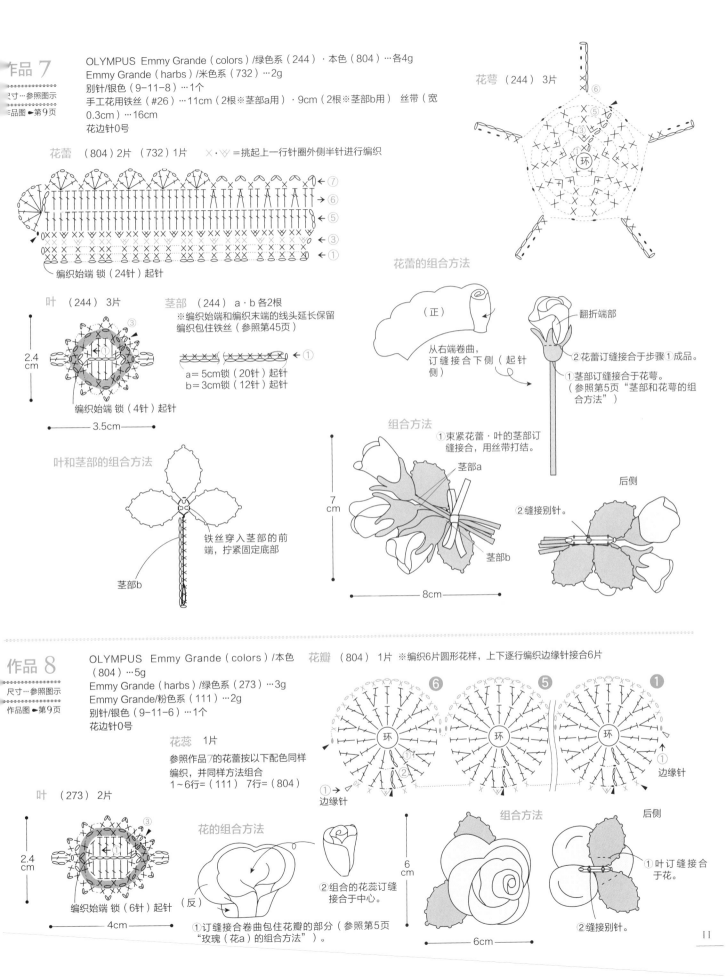

作品7　OLYMPUS Emmy Grande（colors）/绿色系（244）·本色（804）…各4g
Emmy Grande（harbs）/米色系（732）…2g
别针/银色（9-11-8）…1个
手工花用铁丝（#26）…11cm（2根※茎部a用）·9cm（2根※茎部b用）　丝带（宽
0.3cm）…16cm
花边针0号

尺寸…参照图示
作品图►第9页

花萼（244）3片

花蕾（804）2片（732）1片　×·⋎=挑起上一行针圈外侧半针进行编织

⑦
⑥
⑤
③
①
编织始端 锁（24针）起针

叶（244）3片
2.4cm
3.5cm
编织始端 锁（4针）起针
③

茎部（244）a·b各2根
※编织始端和编织末端的线头延长保留
编织包住铁丝（参照第45页）

①
a=5cm锁（20针）起针
b=3cm锁（12针）起针

花蕾的组合方法

（正）
从右端卷曲，
订缝接合下侧（起针
侧）

翻折端部
②花蕾订缝接合于步骤①成品。
①茎部订缝接合于花萼。
（参照第5页"茎部和花萼的组合方法"）

叶和茎部的组合方法

铁丝穿入茎部的前
端，拧紧固定底部
茎部b

组合方法
①束紧花蕾·叶的茎部订
缝接合，用丝带打结。
茎部a
7cm
茎部b
8cm

后侧
②缝接别针。

作品8　OLYMPUS　Emmy Grande（colors）/本色
（804）…5g
Emmy Grande（harbs）/绿色系（273）…3g
Emmy Grande/粉色系（111）…2g
别针/银色（9-11-6）…1个
花边针0号

尺寸…参照图示
作品图►第9页

花瓣（804）1片　※编织6片圆形花样，上下逐行编织边缘针接合6片

花蕊　1片
参照作品7的花蕾按以下配色同样
编织，并同样方法组合
1~6行=（111）　7行=（804）

⑥　⑤　①
环　环　环
边缘针
边缘针

叶（273）2片
2.4cm
4cm
编织始端 锁（6针）起针
③

花的组合方法
（反）
①订缝接合卷曲包住花瓣
的部分（参照第5页
"玫瑰（花a）的组合方法"）

②组合的花蕊订缝
接合于中心。

组合方法
6cm
6cm

后侧
①叶订缝接合
于花。
②缝接别针。

11

Climbing rose

藤蔓玫瑰

II

I2

I3

编织方法 ▶ 作品 II·I3-P.I4　I2-第 74 页　设计 / 编织　冈真理子

14

15

16

作品11
尺寸…参照图示
作品图►第12页
重点教程►第5页

OLYMPUS Emmy Grande/绿色系（238）…2.5g、粉色系（104）…1g
Emmy Grande（碎白点）/粉色系（11）…1g
别针/银色（9-11-8）…1个
手工花用铁丝（#24）…约21cm
花边针0号、钩针2/0号

－ 引拔

编织于33针·基底第4行的外侧半针

= 锁1针的狗牙针　花瓣的编号

= 基底的扭针

花a　花瓣　①～⑧＝(104)　⑨～⑳＝(11)　0　※花瓣的编织接合方法参照第5页

接☆

编织于第1行

编织于33针·基底第4行的内侧半针　编织于22针·基底第3行的内侧半针　编织于15针·基底第2行的内侧半针　编织于6针·基底第1行的内侧半针

花的基底（104）1片　0号
花e的基底　至第3行的5针
※基底2～4行不起针，编织成螺旋状
花d·f·g的基底　至第3行的17针
花b·c的基底　至第4行的25针
X = 短针的扭针
W = 短针2针的扭针

叶a（238）3片　2/0号
叶b（238）1片　2/0号
1.4cm
2.6cm
编织始端
※叶b仅（—）编织

茎部（238）1根　2/0号
①用铁丝制作基底。
9cm
4cm
6cm
入针大小的环状
②短针（50针）编织包住铁丝（参照第45页"茎部A"）。

茎部的组合方法
叶b
叶a
4.5cm
叶a
叶订缝接合于茎部

基底（238）1片　2/0号
参照第6页的基底编织图编织5行

组合方法
叶b
叶a
7cm
②花a订缝于茎部。
①折弯茎部。
9cm
后侧
④别针缝接于基底。
③订缝接合于花。
叶a
基底

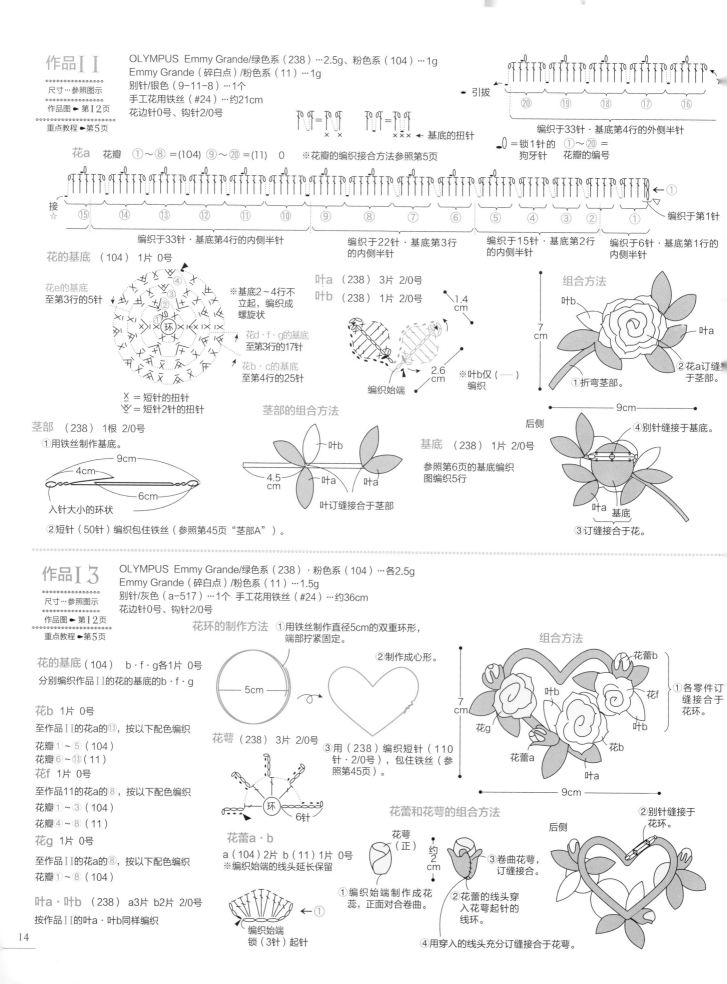

作品13
尺寸…参照图示
作品图►第12页
重点教程►第5页

OLYMPUS Emmy Grande/绿色系（238）·粉色系（104）…各2.5g
Emmy Grande（碎白点）/粉色系（11）…1.5g
别针/灰色（a-517）…1个　手工花用铁丝（#24）…约36cm
花边针0号、钩针2/0号

花的基底（104）　b·f·g各1片　0号
分别编织作品11的花的基底b·f·g

花b　1片　0号
至作品11的花a的⑬，按以下配色编织
花瓣①～⑤（104）
花瓣⑥～⑬（11）

花f　1片　0号
至作品11的花a的⑧，按以下配色编织
花瓣①～③（104）
花瓣④～⑧（11）

花g　1片　0号
至作品11的花a的⑧，按以下配色编织
花瓣①～⑧（104）

叶a·叶b（238）a3片　b2片　2/0号
按作品11的叶a·叶b同样编织

花环的制作方法
①用铁丝制作直径5cm的双重环形，端部拧紧固定。
5cm
②制作成心形。
③用（238）编织短针（110针·2/0号），包住铁丝（参照第45页）。

花萼（238）3片　2/0号
环
6针

花蕾a·b
a（104）2片　b（11）1片　0号
※编织始端的线头延长保留
编织始端　锁（3针）起针

组合方法
花蕾b
花f
花g
叶b
花蕾a
花b
叶a
7cm
9cm
①各零件订缝接合于花环。

花蕾和花萼的组合方法
花萼（正）
约2cm
后侧
②别针缝接于花环。
③卷曲花萼，订缝接合。
①编织始端制作成花蕊，正面对合卷曲。
②花蕾的线头穿入花萼起针的线环。
④用穿入的线头充分订缝接合于花萼。

14

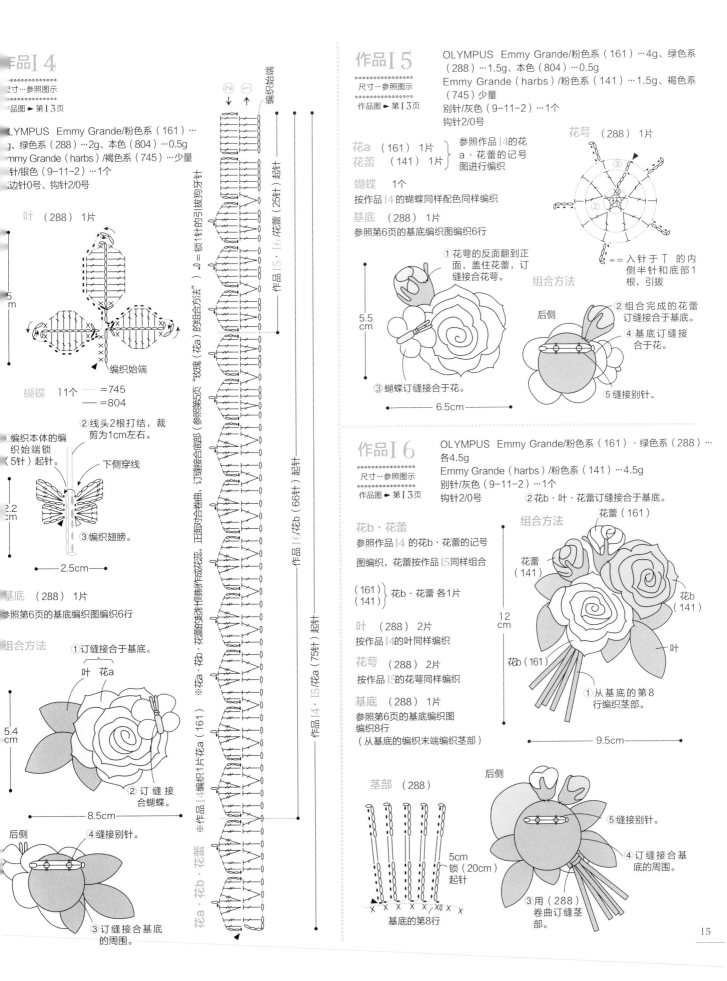

作品14

尺寸…参照图示
作品图 ► 第13页

OLYMPUS Emmy Grande/粉色系（161）…
g、绿色系（288）…2g、本色（804）…0.5g
Emmy Grande（harbs）/褐色系（745）…少量
针/银色（9-11-2）…1个
边针0号、钩针2/0号

叶 （288） 1片

蝴蝶 11个 — =745
— =804

②线头2根打结，裁
剪为1cm左右。

下侧穿线

①编织本体的编
织始端锁
（5针）起针。

③编织翅膀。

←2.2cm→

—2.5cm—

基底 （288） 1片
参照第6页的基底编织图编织6行

组合方法

①订缝接合于基底。

叶 花a

②订缝接
合蝴蝶。

—8.5cm—

后侧
④缝接别针。

③订缝接合基底
的周围。

②↓ ①↑ 编织始端

=锁1针的引拔狗牙针

作品15·16/花蕾（25针）起针

作品14/花a·花b（66针）起针

作品14·15/花a（75针）起针

※参照第5页 "玫瑰（花）"的组合方法

※花a·花b·花蕾编织结束后侧削剪削制成花态，正面向合卷曲，订缝接合底部。

花a·花b·花蕾 ※作品14编织1片花a（161）

作品15

OLYMPUS Emmy Grande/粉色系（161）…4g、绿色系
（288）…1.5g、本色（804）…0.5g
Emmy Grande（harbs）/粉色系（141）…1.5g、褐色系
（745）少量
别针/灰色（9-11-2）…1个
钩针2/0号

尺寸…参照图示
作品图 ► 第13页

花a （161） 1片
花蕾 （141） 1片 } 参照作品14的花a·花蕾的记号图进行编织

蝴蝶 1个
按作品14的蝴蝶同样配色同样编织

基底 （288） 1片
参照第6页的基底编织图编织6行

花萼 （288） 1片

=入针于丅的内侧半针和底部1根，引拔

①花萼的反面翻到正面，盖住花蕾，订缝接合花萼。

组合方法

②组合完成的花蕾订缝接合于基底。

④基底订缝接合于花。

后侧

5.5cm

③蝴蝶订缝接合于花。

⑤缝接别针。

—6.5cm—

作品16

OLYMPUS Emmy Grande/粉色系（161）·绿色系（288）…
各4.5g
Emmy Grande（harbs）/粉色系（141）…4.5g
别针/灰色（9-11-2）…1个
钩针2/0号

尺寸…参照图示
作品图 ► 第13页

花b·花蕾
参照作品14的花b·花蕾的记号图编织，花蕾按作品15同样组合

（161）
（141） } 花b·花蕾 各1片

叶 （288） 2片
按作品14的叶同样编织

花萼 （288） 2片
按作品15的花萼同样编织

基底 （288） 1片
参照第6页的基底编织图编织8行
（从基底的编织末端编织茎部）

组合方法

②花b·叶·花蕾订缝接合于基底。

花蕾（161）

花蕾（141）

花b（141）

12cm

花b（161）

花（161）

①从基底的第8行编织茎部。

叶

—9.5cm—

茎部 （288）

5cm
锁（20cm）
起针

基底的第8行

后侧

⑤缝接别针。

④订缝接合基底的周围。

③用（288）卷曲订缝茎部。

PARt II 色彩花园

由各种花朵协调搭配出的缤纷色彩，也是英式花园的魅力之一。
红色、蓝色、黄色，发现自己喜欢的颜色，创造属于自己的色彩花园吧。

编织方法 ● 作品 I7– 第 I9 页　作品 I8·I9– 第 I8 页　设计 / 编织　松本真

Columbine

洋牡丹

重点教程　作品 I7·I8·I9 作品图 ► 第 16 页

➤ 花的第 5 行的编织方法

第 5 行

I 编织至第 4 行，接第 5 行的线，编织 1 片花瓣，编织至 × 记号的短针（参照记号图）的内侧。

2 挑起第 1 行的扭针剩余内侧半针（图 1 中箭头的针圈），编织 × 记号的短针。按相同要领，继续编织第 5 行的花瓣。

3 第 5 行编织完成。接着，编织第 6 行。

➤ 花萼的编织方法

花（反）　花瓣（角）　花萼

I 编织花，花萼编织至第 2 行。花萼编织 1 针第 3 行立起的锁针。

2 反面对合花萼重合于花的反面，入针于花萼上一行头部针圈和花第 2 行剩余的半针，花萼和花的针圈一并挑起。由此挑起，编织花萼第 3 行的短针。左下图为短针 3 针完成状态。

3 花萼编织完成。

重点教程　作品 20·2I·23 作品图 ► 第 20 页

➤ 花瓣的编织方法

第 3 行

4 花瓣的边角折入后侧，熨烫折叠。右上图为花和花萼的编织完成状态（正面）。

I 挑起起针的上半针和里山，编织第 3 行的短针。图中为花瓣编织完成 1 片的状态。接着，继续编织第 3 行（花瓣）。

重点教程　作品 2I·22·23 作品图 ► 第 20 页

➤ 花蕊的编织方法

 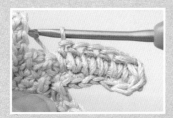  

第 4 行

2 第 4 行和第 3 行的起针处侧编织短针，编织至前端，立起的锁针侧也编织短针。

3 接着，入针于第 3 行的起针和短针之间（步骤 2 挑起短针的相同位置），编织中长针包住第 3 行的短针。图中为花瓣完成 1 片。

I 编织第 1 行，编织第 2 行的立起的锁 2 针（左图）。入针于起针的线环，编织包住第 1 行（参照左图的箭头），继续编织中长针（右图）。

2 第 2 行的末端引拔于立起的第 2 针（参照箭头）。第 1 行编织包住，第 2 行完成。

重点教程　作品 58·59 作品图 ► 第 41 页

➤ 花瓣的编织方法

I 接线于指定位置底 3 行的头部。

2 第 3 行的头部引拔 1 针，花瓣 1 片侧引拔 3 针。

3 扭针编织至第 4 行的针圈，在第 4 行挑起的第 3 行半针侧（参照图片 2 的●记号）编织引拔针。

4 重复步骤 2 和 3 一周，编织末端穿线于针，如图所示穿针于第 1 针的引拔针的针圈，刺回箭头前端。线头在反面处理。

作品18

DMC CEBELIA（10号）/粉色系（818）…2g、黄色系（745）…少量 BABYLO（10号）/本色（ECRU）・绿色系（369）・绿色（3346）…各1g
别针/银色（9-11-6）…1个 手工花用铁丝（#26）…9cm（2根）夹心棉…适量
花边针2号

尺寸…参照图示
作品图 ► 第16页
重点教程 ► 第17页

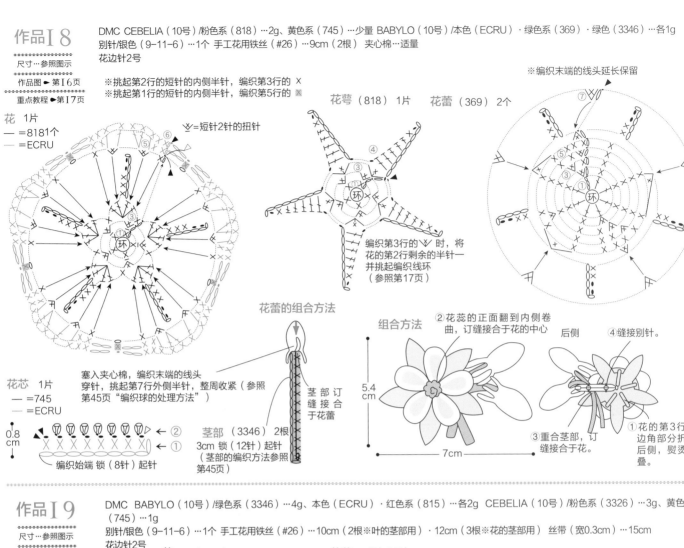

※挑起第2行的短针的内侧半针，编织第3行的 ✕
※挑起第1行的短针的内侧半针，编织第5行的 ✕

花 1片
— =8181个
— =ECRU

花萼（818）1片   花蕾（369）2个

※编织末端的线头延长保留

编织第3行的 时，将
花的第2行剩余的半针一
并挑起编织线环
（参照第17页）

✕=短针2针的扭针

花芯 1片
— =745
— =ECRU

塞入夹心棉，编织末端的线头
穿针，挑起第7行外侧半针，整周收紧（参照
第45页"编织球的处理方法"）

0.8 cm

② ←
① ←
编织始端 锁（8针）起针

花蕾的组合方法

茎部 订
缝接合
于花蕾

茎部（3346）2根
3cm 锁（12针）起针
（茎部的编织方法参照
第45页）

组合方法

②花蕊的正面翻到内侧卷
曲，订缝接合于花的中心

后侧

④缝接别针。

5.4 cm

③重合茎部，订
缝接合于花。

①花的第3行
边角部分折入
后侧，熨烫
叠。

7cm

作品19

DMC BABYLO（10号）/绿色系（3346）…4g、本色（ECRU）・红色系（815）…各2g CEBELIA（10号）/粉色系（3326）…3g、黄色系
（745）…1g
别针/银色（9-11-6）…1个 手工花用铁丝（#26）…10cm（2根※叶的茎部用）・12cm（3根※花的茎部用） 丝带（宽0.3cm）…15cm
花边针2号

尺寸…参照图示
作品图 ► 第16页
重点教程 ► 第17页

叶（3346）6片

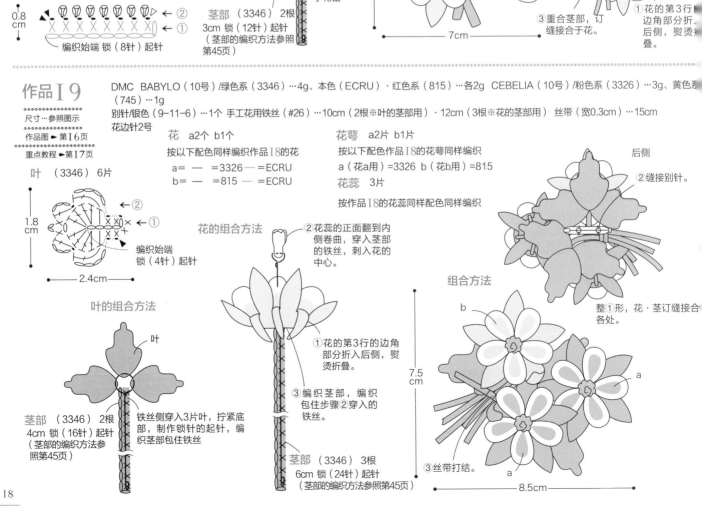

花 a2个 b1个
按以下配色同样编织作品18的花
a= — =3326 — =ECRU
b= — =815 — =ECRU

花萼 a2片 b1片
按以下配色作品18的花萼同样编织
a（花a用）=3326 b（花b用）=815

花蕊 3片
按作品18的花蕊同样配色同样编织

1.8 cm

② ←
① ←
编织始端
锁（4针）起针

2.4cm

花的组合方法

②花蕊的正面翻到内
侧卷曲，穿入茎部
的铁丝，刺入花的
中心。

①花的第3行的边角
部分折入后侧，熨
烫折叠。

③编织茎部，编织
包住步骤②穿入的
铁丝。

后侧

②缝接别针。

组合方法

整①形，花·茎订缝接合
各处。

叶的组合方法

叶

茎部（3346）2根
4cm 锁（16针）起针
（茎部的编织方法参
照第45页）

铁丝侧穿入3片叶，拧紧底
部，制作锁针的起针，编
织茎部包住铁丝

茎部（3346）3根
6cm 锁（24针）起针
（茎部的编织方法参照
第45页）

b

7.5 cm

a

a

③丝带打结。

8.5cm

DMC BABYLO（10号）/蓝色系（482）·本色（ECRU）各2g CEBELIA（10号）/蓝色系（799）…2g、黄色系（745）…少量
别针/银色（9-11-8）…1个
花边针2号

尺寸…参照图示
作品图 ► 第16页
重点教程 ► 第17页

花 a·b 各1个
— =482 =ECRU
— =799 — =ECRU
花萼 a·b 各1片
=482 b=799
花芯 2片 =ECRU
=745 =ECRU

按指定配色参照第18页作品18的各零件同样编织

组合方法

后侧

③缝接别针。

②花a的第3行的边角折入后侧，熨烫折叠，并订缝接合。

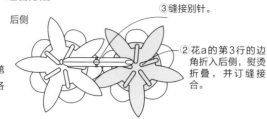

①花蕊的正面翻向内侧卷曲，订缝接合于花的中心。

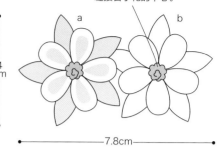

a b

4cm

7.8cm

OLYMPUS Emmy Grande（colors）/绿色系（265）…3g、白色（801）…1g、黄色系（543）…少量
Emmy Grande/紫色系（676）…2g、紫色系（672）…1g、绿色系（243）·黑色（901）…各少量
cottoncuore（lame）/紫色（106）…1g
别针/灰色（a-517）…1个
手工花用铁丝（#26）…13cm（2根※茎部a用）·14cm（1根※茎部b用）·10cm（1根※组合用）
钩针2/0·3/0号

尺寸…参照图示
作品图 ► 第32页

董菜的花 2个
按第34页的作品40的董菜花b同样配色同样编织，并同样绣花

吉莉的花 3个
按第34页的作品41的吉莉花同样配色同样编织，并同样接合花蕊

董菜·吉莉的花萼
董菜=编织至2行 （265）2片
吉莉=编织至3行 （265）3片

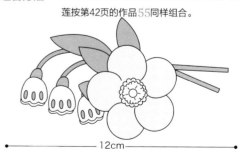

吉莉的茎部 （265） a2根 b1根

编织包住铁丝（参照第45页）
××××× ××××××
编织始端
a 7cm 锁（28针）起针
b 8cm 锁（32针）起针
※编织始端和编织末端的线头延长保留

吉莉的叶 （265） 1片
×××××××× ·
··
← ①
0.5cm
编织始端 2.5cm
锁（10针）起针

吉莉的花a的组合方法

②同线塞入花萼，花萼订缝接合于花。

①茎部a的编织末端的铁丝插入花萼，订缝接合（参照第5页"茎部和花萼的组合方法"）

③叶订缝接合于茎部。

3cm

⑤董菜的花萼的中心订缝接合于茎部。

※吉莉的花b订缝接合花茎b
吉莉的花c缝接合茎部a，订缝接合董菜的花

④花萼订缝接合于董菜的反面。

花束的组合方法

c
b
a
5.5cm
10cm

后侧

②缝接别针。

①束紧吉莉的花a·b·c，卷曲铁丝固定，重合卷曲（265）。

DMC BABYLO（10号）/绿色系（890）…3g、白色（BLANC）…1g CEBELIA（10号）/红色系（816）…2g、黄色系（745）…0.5g、绿色系（989）…少量
别针/灰色（9-11-2）…1个
手工花用铁丝（#24）…17cm（1根※茎部a用）·约30cm（1根※茎部b·c用）·14cm（1根※茎部d用）
花边针2号

尺寸…参照图示
作品图 ► 第40页

圣诞玫瑰的花 1个
按以下配色参照第42页的作品53的花同样编织
=745 — =816

圣诞玫瑰的茎部·叶 （890） 叶3片 茎部1根（8cm）
按第42页的作品54的茎部（使用茎部d用铁丝）·叶同样编织

夏雪片莲的花 3个
按第42页的作品55的花相同配色同样编织

夏雪片莲的茎部·叶
（890） 叶1片 茎部=1根 茎部b·c=1根
按第42页的作品55的茎部·叶同样编织

夏雪片莲的茎部的铁丝的组合方法
对应铁丝的指定尺寸制作环形，底部拧紧。

a b c
2.5cm
2.5cm
2.5cm
10cm
11.3cm
12.5cm
3.5cm

※茎部的编织方法参照第42页的作品55的茎部

组合方法 ①圣诞玫瑰按第42页的作品54同样组合，夏雪片莲按第42页的作品55同样组合。

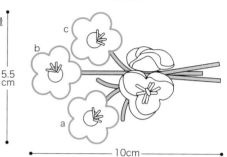

6.5cm

12cm

后侧

③缝接别针。

②订缝接合圣诞玫瑰和夏雪片莲的茎部。

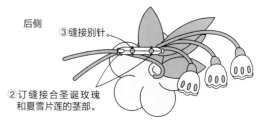

Blue daisy & Tanacetum

篮雏菊 & 滨菊

21
蓝雏菊 & 滨菊

20
兰雏菊

22
滨菊

23
蓝雏菊 & 滨菊

编织方法 ► 作品 20・21・22- 第 22 页　作品 23- 第 74 页　设计 / 编织　今村曜子

Nemophila & Heliophila

喜林草 & 醉鱼草

24
喜林草 & 醉鱼草

25
喜林草

26
醉鱼草

编织方法 ► 第23页　设计 / 编织　今村曜子

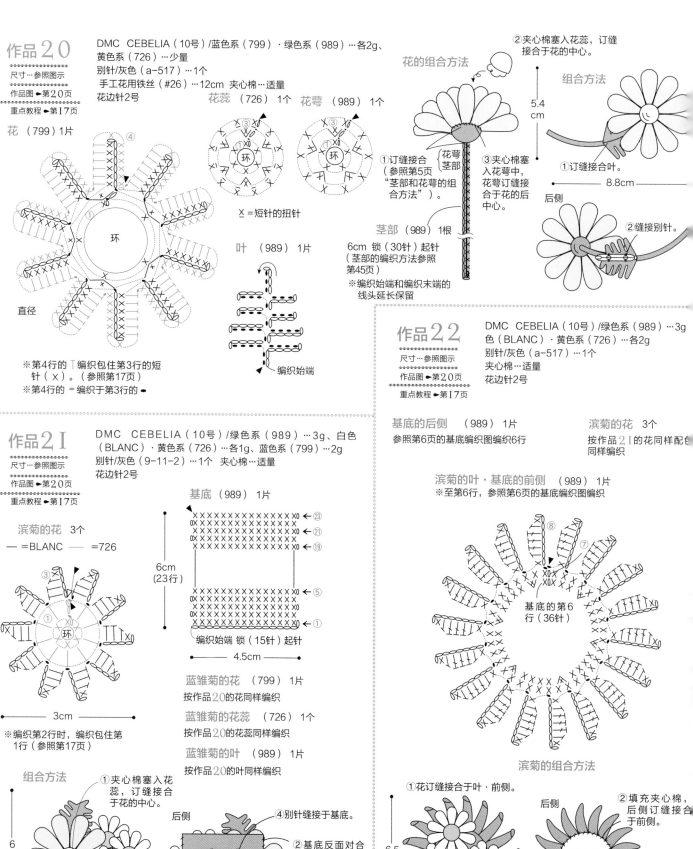

作品20

尺寸…参照图示
作品图►第20页
重点教程►第17页

DMC CEBELIA（10号）/蓝色系（799）·绿色系（989）…各2g、
黄色系（726）…少量
别针/灰色（a-517）…1个
手工花用铁丝（#26）…12cm 夹心棉…适量
花边针2号

花（799）1片

X =短针的扭针

※第4行的⊤编织包住第3行的短
针（X）。（参照第17页）
※第4行的 编织于第3行的

花蕊（726）1个　花萼（989）1个

叶（989）1片
编织始端

花的组合方法

②夹心棉塞入花蕊，订缝
接合于花的中心。

①订缝接合
（参照第5页
"茎部和花萼的组
合方法"）。

③夹心棉塞入
花萼中，
花萼订缝接
合于花的后
中心。

茎部（989）1根
6cm 锁（30针）起针
（茎部的编织方法参照
第45页）
※编织始端和编织末端的
线头延长保留

组合方法

5.4
cm

①订缝接合叶。

8.8cm

②缝接别针。

后侧

作品21

尺寸…参照图示
作品图►第20页
重点教程►第17页

DMC CEBELIA（10号）/绿色系（989）…3g、白色
（BLANC）·黄色系（726）…各1g、蓝色系（799）…2g
别针/灰色（9-11-2）…1个　夹心棉…适量
花边针2号

滨菊的花 3个
— =BLANC　 =726

3cm

※编织第2行时，编织包住第
1行（参照第17页）

基底（989）1片

6cm
（23行）

4.5cm

编织始端 锁（15针）起针

蓝雏菊的花（799）1片
按作品20的花同样编织

蓝雏菊的花蕊（726）1个
按作品20的花蕊同样编织

蓝雏菊的叶（989）1片
按作品20的叶同样编织

组合方法

①夹心棉塞入花
蕊，订缝接合
于花的中心。

后侧

④别针缝接于基底。

②基底反面对合
折入，卷针缭
缝三边。

③花·叶订缝接
合于基底。

6
cm

7.5cm

作品22

尺寸…参照图示
作品图►第20页
重点教程►第17页

DMC CEBELIA（10号）/绿色系（989）…3g
色（BLANC）·黄色（726）…各2g
别针/灰色（a-517）…1个
夹心棉…适量
花边针2号

基底的后侧（989）1片
参照第6页的基底编织图编织6行

滨菊的花 3个
按作品21的花同样配色
同样编织

滨菊的叶·基底的前侧（989）1片
※至第6行，参照第6页的基底编织图编织

基底的第6
行（36针）

滨菊的组合方法

①花订缝接合于叶·前侧。

后侧

②填充夹心棉，
后侧订缝接合
于前侧。

③别针缝接于
后侧。

6.5
cm

6.5cm

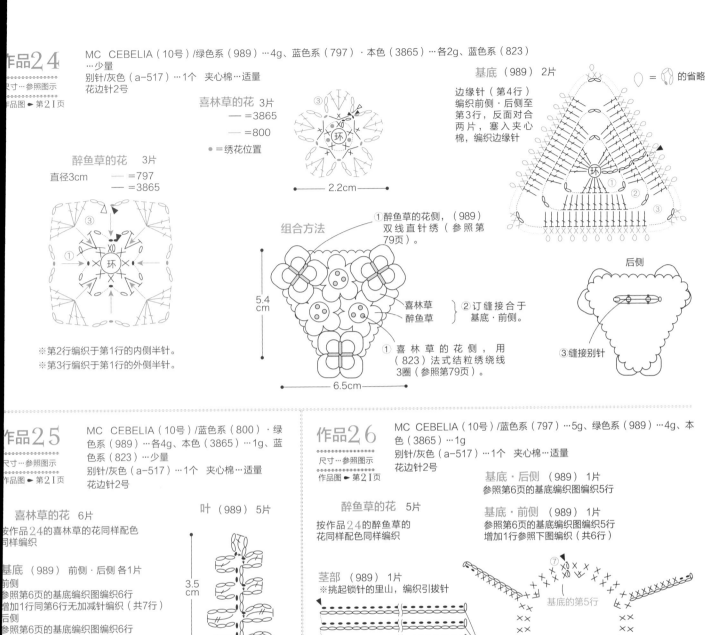

作品24

尺寸···参照图示
作品图 ► 第21页

MC CEBELIA（10号）/绿色系（989）···4g、蓝色系（797）·本色（3865）···各2g、蓝色系（823）···少量
别针/灰色（a-517）···1个 夹心棉···适量
花边针2号

喜林草的花 3片
— =3865
— =800
● =绣花位置

2.2cm

醉鱼草的花 3片
直径3cm — =797
— =3865

③
①
X0
环
②

※第2行编织于第1行的内侧半针。
※第3行编织于第1行的外侧半针。

基底（989）2片
= 的省略

边缘针（第4行）
编织前侧·后侧至第3行，反面对合两片，塞入夹心棉，编织边缘针

环
①
②
③
④

组合方法

①醉鱼草的花侧，（989）双线直针绣（参照第79页）。

喜林草
醉鱼草

②订缝接合于基底·前侧。

①喜林草的花侧，用（823）法式结粒绣绕线3圈（参照第79页）。

5.4cm

6.5cm

后侧

③缝接别针

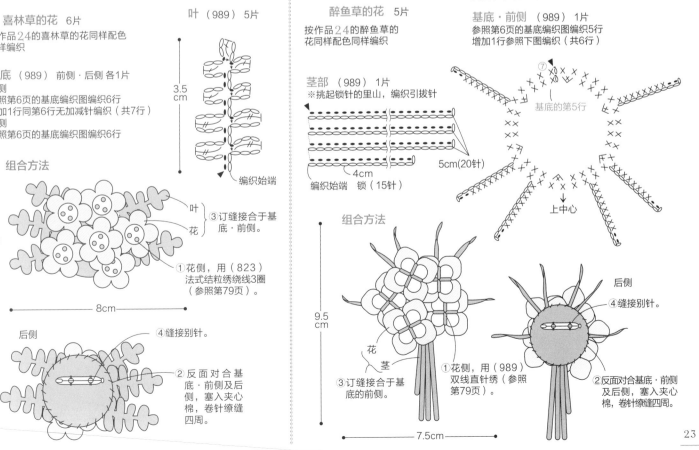

作品25

尺寸···参照图示
作品图 ► 第21页

MC CEBELIA（10号）/蓝色系（800）·绿色系（989）···各4g、本色（3865）···1g、蓝色系（823）···少量
别针/灰色（a-517）···1个 夹心棉···适量
花边针2号

喜林草的花 6片
按作品24的喜林草的花同样配色同样编织

基底（989）前侧·后侧 各1片
前侧
参照第6页的基底编织图编织6行
增加1行同第6行无加减针编织（共7行）
后侧
参照第6页的基底编织图编织6行

叶（989）5片

3.5cm

编织始端

组合方法

叶
花

③订缝接合于基底·前侧。

①花侧，用（823）法式结粒绣绕线3圈（参照第79页）。

8cm

后侧

④缝接别针。

②反面对合基底·前侧及后侧，塞入夹心棉，卷针缭缝四周。

作品26

尺寸···参照图示
作品图 ► 第21页

MC CEBELIA（10号）/蓝色系（797）···5g、绿色系（989）···4g、本色（3865）···1g
别针/灰色（a-517）···1个 夹心棉···适量
花边针2号

醉鱼草的花 5片
按作品24的醉鱼草的花同样配色同样编织

基底·后侧（989）1片
参照第6页的基底编织图编织5行

基底·前侧（989）1片
参照第6页的基底编织图编织5行
增加1行参照下图编织（共6行）

茎部（989）1片
※挑起锁针的里山，编织引拔针

5cm(20针)

4cm

编织始端 锁（15针）

X0
基底的第5行

上中心

组合方法

9.5cm

花
茎

③订缝接合于基底的前侧。

①花侧，用（989）双线直针绣（参照第79页）。

后侧

④缝接别针。

②反面对合基底·前侧及后侧，塞入夹心棉，卷针缭缝四周。

7.5cm

Sweet william

美洲石菊

27

28

29

编织方法 ► 第 26 页　设计 / 编织　河合真弓

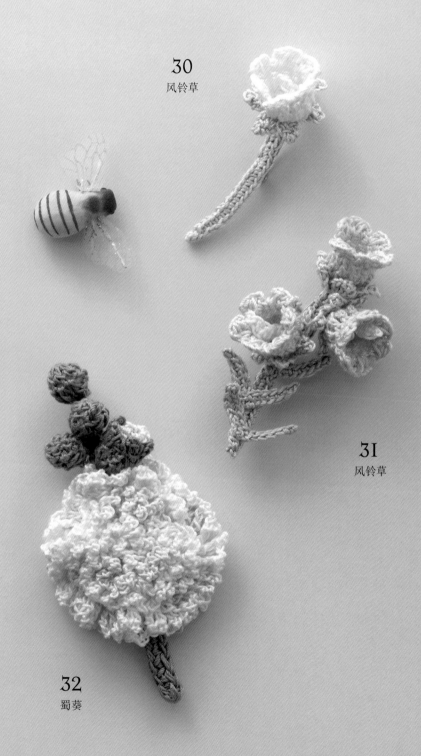

30
风铃草

31
风铃草

32
蜀葵

作品27

OLYMPUS Emmy Grande/绿色系（238）…1.5g、红色系（194）·本色（804）…各1g
别针/银色（9-11-1）…1个
花边针0号

尺寸…参照图示
作品图 ➡ 第24页

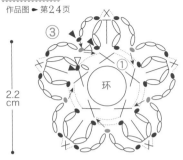

叶（238）1片

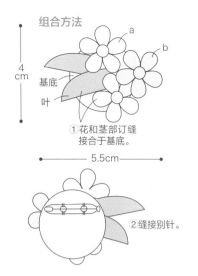

组合方法

4cm

0.7cm

①花和茎部订缝接合于基底。

②缝接别针。

5.5cm

花 a 2片 b 1片

花的配色表

行数	a	b
第3行	804	194
第2行	194	804
第1行	804	194

2.2cm

环

①

②

③

编织始端
锁（9针）起针
2.5cm

※第3行的引拔针（●）编织于第1行的短针

基底（238）1片
参照第6页的基底编织图编织5行

作品28

OLYMPUS Emmy Grande/绿色系（238）…5g、粉色系（102）·粉色系
（123）·本色（804）…各0.5g
Emmy Grande（colors）/粉色系（127）·粉色系（155）…各0.5g
别针/银色（9-11-2）…1个 夹心棉…适量
手工花用铁丝（#30）…12cm（2根）
花边针0号

尺寸…参照图示
作品图 ➡ 第24页

花的基底（238）2个

⑦⑥⑤④③②①

环

叶

※编织至第6行、塞入夹心棉，编织第7行，穿线于最终行整周收紧（参照第45页"编织球的处理方法"）

花 a·b 各3片
按以下配色表参照作品27的花同样编织

配色表

行数	a	b
3行	155	123
2行	127	804
1行	102	123

（238）2片
按作品27的叶同样编织

花萼（238）2片

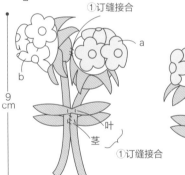

①②

环

直径2.5cm

茎部（238）2根
编织包住铁丝（参照第45页）

①

编织始端 锁（20针）起针 6cm
※编织始端和编织末端的线头延长保留

花的组合方法

②花的基底放置于花萼上方订缝接合。

①茎部编织末端的铁丝穿入花萼中心固定（参照第5页"茎部和花萼的组合方法"）。

③花订缝接合于花的基底。

①订缝接合

a

b

组合

后侧

9cm

②缝接别针。

①订缝接合

叶

茎

6cm

作品29

OLYMPUS Emmy Grande（harbs）/绿色系（273）…1g
Emmy Grand/粉色系（104）…0.5g
Emmy Grande（colors）/粉色系（155）…0.5g、白色（801）…少量
别针/银色（9-11-1）…1个
花边针0号

尺寸…参照图示
作品图 ➡ 第24页

基底（273）1片

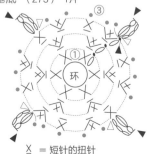

①

环

③

穗饰（273）16个
基底的·侧打结

①取2根裁剪成5cm的线，对折从·引出线祥，挂线于针，引拔打结。

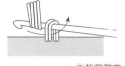

②裁剪整齐。
1.5cm

花 1片
按右表配色并参照作品27的花同样编织

花的配色表

行数	颜色
3行	104
2行	155
1行	801

组合方法

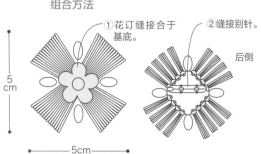

①花订缝接合于基底。

②缝接别针。

后侧

5cm

5cm

X ＝短针的扭针

＝短针2针的扭针

26

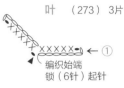
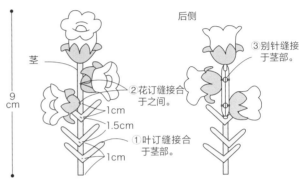

作品30

尺寸…参照图示
品图 ► 第25页

OLYMPUS Emmy Grande/绿色系（243）…1g
Emmy Grand（lame）/本色（L804）…0.7g、黄色系
（L539）…少量
别针/银色（9-11-1）…1个
手工花用铁丝（#30）…11cm
花边针0号

花（L804）1个

花萼（243）1片　④　②

花蕊（L539）1根
编织始端
锁（5针）起针

3cm

③茎部的铁丝前端折成圆形，并紧紧穿入中心。

花的组合方法

花

①花蕊订缝接合于花的中心。

②花萼订缝接合于花。

④订缝接合茎部。

组合方法

7cm

后侧

别针缝接于茎部

茎部

（243）1根
5cm锁（20针）起针

④编织包住穿入的铁丝，并编织茎部（参照第45页）。

作品31

尺寸…参照图示
作品图 ► 第25页

OLYMPUS Emmy Grande（lame）/粉色系
（L116）…2g、黄色系（L539）…0.5g
Emmy Grand/绿色系（243）…2g
Emmy Grande（harbs）/绿色系（273）…0.5g
别针/银色（9-11-2）…1个
手工花用铁丝（#30）…12.5cm
花边针0号

花（L116）3个
花萼（243）3片
花蕊（L539）3根
茎部（273）1根
6.5cm锁（25针）起针

按作品30的各零件同样编织，
参照作品30的"花的组合方法"进行组合

叶（273）3片
编织始端
锁（6针）起针

组合方法

后侧

茎

9cm

②花订缝接合于之间。

③别针缝接于茎部。

①叶订缝接合于茎部。

1cm
1.5cm
1cm

作品32

尺寸…参照图示
品图 ► 第25页

OLYMPUS Emmy Grande（碎白点）/粉色系（11）…7g　Emmy Grand/绿色系（288）…5g
别针/灰色（9-11-3）…1个　手工花用铁丝（#20）…12cm　夹心棉…适量
花边针0号

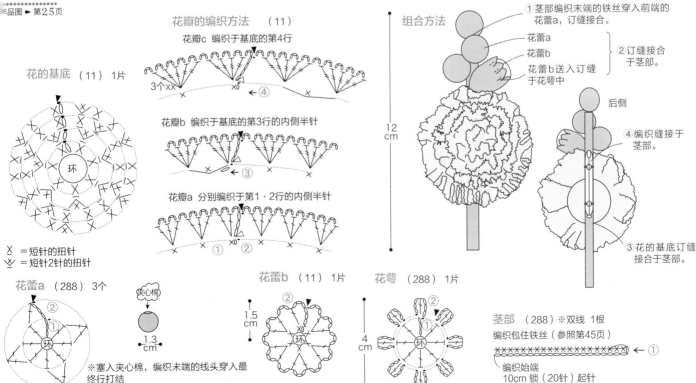

花瓣的编织方法（11）
花瓣c 编织于基底的第4行
3个××　④

花瓣b 编织于基底的第3行的内侧半针
③

花瓣a 分别编织于第1·2行的内侧半针
①　②

花的基底（11）1片
环

× ＝短针的扭针
∨ ＝短针2针的扭针

花蕾a（288）3个
②
①
环
※塞入夹心棉，编织末端的线头穿入最终行打结
（参照第45页"编织球的处理方法"）

夹心棉
1.3cm

花蕾b（11）1片
②
①
环
1.5cm

花萼（288）1片
②
①
环
4cm

组合方法

①茎部编织末端的铁丝穿入前端的花蕾a，订缝接合。

花蕾a
花蕾b
花蕾b送入订缝于花萼中

②订缝接合于茎部。

12cm

后侧

④编织缝接于茎部。

③花的基底订缝接合于茎部。

茎部（288）※双线 1根
编织包住铁丝（参照第45页）
编织始端
10cm锁（20针）起针

Iceland poppy

冰岛罂粟

编织方法 ► 作品 33- 第 74 页　作品 34·35·36- 第 30 页　设计 / 编织　远藤弘美

Lily of the valley & Daffodil

铃兰 & 水仙

37
铃兰

38
水仙

39
铃兰 & 水仙

编织方法 ► 第 31 页 设计 / 编织 远藤弘美

作品34

HAMANAKA 华仕歌德钩织/橙色（121）…3g、黄色（104）·黄绿色（107）…各1g
别针/银色（9-11-2）…1个
钩针2/0号

尺寸…参照图示
作品图 ► 第28页

花蕊 （104） 1片

组合方法

②花蕊b·花蕊a·花瓣依次重合，用花蕊b的线头订缝接合。

花瓣 （121） 1片

花蕊a

花蕊b

后侧

花瓣

● 5.5cm ●

①订缝接合花瓣的记号图的●和●。

③缝接别针。

花蕊b （107） 1个

※编织末端的线头穿入最终行的全针整周，并收紧（参照第45页"编织球的处理方法"）。

●记号的针圈订缝接合于●记号的后侧

作品35

HAMANAKA 华仕歌德钩织/橙色（105）…3g·黄绿色（108）…1.5g、黄色（104）·黄绿色（107）…各1g
别针/银色（9-11-2）…1个
钩针2/0号

尺寸…参照图示
作品图 ► 第28页

花瓣 （105） 1片
按作品34的花瓣同样编织同样组合

花蕊a （104） 1片
按作品34的花蕊a同样编织

花蕊b （107） 1个
按作品34的花蕊b同样编织同样组合

茎部a （108） 1根
里山侧引拔

7cm 编织始端 锁（30针）起针

花蕾·茎部b （108） 1个
※花蕾的织片反面为正面

茎b 里山侧引拔

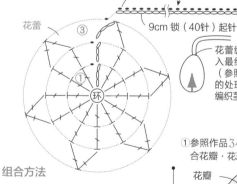

9cm 锁（40针）起针

花蕾

花蕾编织末端的线头穿入最终全针整周收紧（参照第45页"编织球的处理方法"），接着编织茎部b。

组合方法

后侧

④缝接别针。

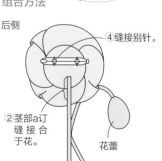

②茎部a订缝接合于花。

花蕾

①参照作品34的组合方法，组合花瓣·花蕊a·花蕊b。

花瓣
花蕊a
花蕊b

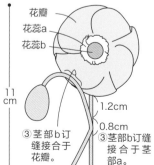

11cm

1.2cm
0.8cm

③茎部b订缝接合于花瓣。

③茎部b订缝接合于茎部a。

● 7cm ●

作品36

HAMANAKA 华仕歌德钩织/白色（101）…6g、橙色（105）…3g 黄色（104）…2.5g、苔绿色（126）·黄绿色（107）…各2g
迪迪钩织/橙色（6）…3g
别针/银色（9-11-2）…1个
钩针2/0号

尺寸…参照图示
作品图 ► 第28页

花瓣·花蕊a·花蕊b 花a·b·c 各1片
按以下配色表参照作品34的各零件同样编织，并同样组合

配色表

	花瓣	花蕊a	花蕊b
花a	6	104	107
花b	105	104	107
花c	101	107	104

花蕾·茎部b （126） 1个
按作品35的花蕾·茎部b同样编织

茎部a （126） 3根
按作品35的茎部a同样编织

基底 （101） 1片
参照第6页的基底编织图编织8行

叶 （126） 1片

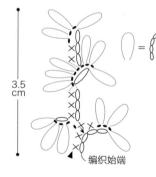

3.5cm

编织始端

组合方法

①参照作品34的组合方法，组合花瓣·花蕊a·花蕊b。

③花订缝接合于基底。

④别针缝接于基底。

后侧

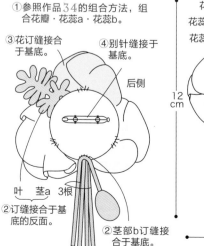

叶 茎a 3根

①订缝接合于基底的反面。

②茎部b订缝接合于基底。

花瓣
花蕊a
花蕊b

花a

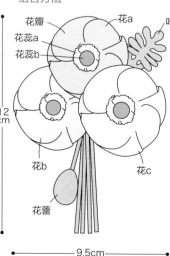

12cm

花b

花c

花蕾

● 9.5cm ●

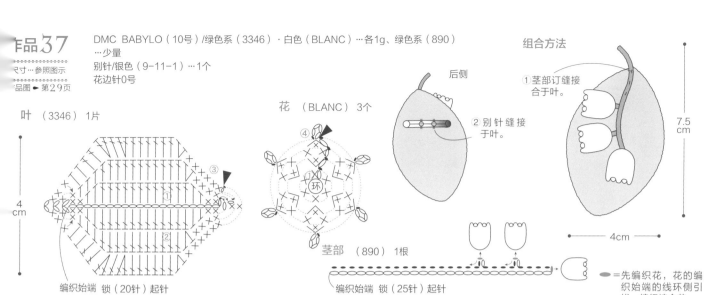

作品37　DMC BABYLO（10号）/绿色系（3346）·白色（BLANC）…各1g、绿色系（890）
…少量
别针/银色（9-11-1）…1个
花边针0号

尺寸…参照图示
作品图▶第29页

组合方法

①茎部订缝接
合于叶。

②别针缝接
于叶。

后侧

7.5 cm

4cm

叶（3346）1片

4 cm

编织始端 锁（20针）起针

7cm

花（BLANC）3个

环

茎部（890）1根

编织始端 锁（25针）起针

5cm

●=先编织花，花的编
织始端的线环侧引
拔，编织接合花

作品38　DMC BABYLO（10号）/绿色系（890）·黄色系（725）…各1g、
黄色系（745）·绿色系（3346）…各少量
别针/银色（9-11-1）…1个
花边针0号

尺寸…参照图示
作品图▶第29页

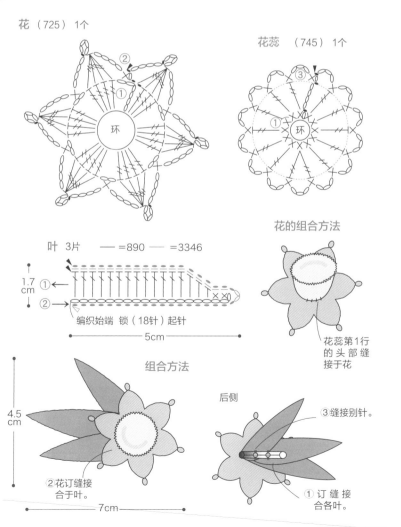

花（725）1个

环

花蕊（745）1个

环

花的组合方法

花蕊第1行
的头部缝
接于花

叶 3片　—=890　—=3346

1.7 cm

编织始端 锁（18针）起针

5cm

组合方法

4.5 cm

②花订缝接
合于叶。

后侧

③缝接别针。

①订缝接
合各叶。

7cm

作品39　DMC BABYLO（10号）/绿色系（3346）…
2.5g、绿色系（890）·白色（BLANC）·黄
色系（745）…各1g、黄色系（725）…少量
别针/银色（9-11-1）…1个
花边针0号

尺寸…参照图示
作品图▶第29页

铃兰的花·叶·茎　花3个 叶2片 茎1根
按作品37的各零件同样配色同样编织

水仙的花·花蕊　花（745）1个　花蕊（725）1个
按作品38的花·花蕊同样编织同样组合

水仙的叶　2片
按作品38的叶同样配色同样编织

组合方法

后侧

①缝接各叶{铃兰的叶
水仙的叶

④缝接别针。

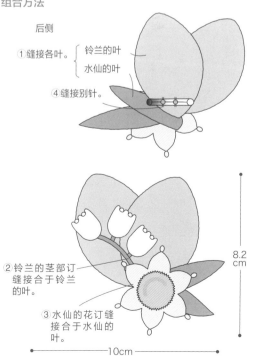

②铃兰的茎部订
缝接合于铃兰
的叶。

③水仙的花订缝
接合于水仙的
叶。

8.2 cm

10cm

31

Viola & Gilia tricolor

紫花地丁 & 三色堇

40
紫花地丁

4I
三色堇

42
紫花地丁 & 三色堇

43
紫花地丁 & 三色堇

编织方法 ← 作品 40・41・42- 第 34 页　作品 43- 第 19 页　设计 / 编织　今村曜子

44

45

46

作品40

OLYMPUS Emmy Grande/绿色系（238）…5g、紫色系（676）…1g、黑色（901）…少量
Emmy Grand（colors）/黄色系（543）…少量
Emmy Grande（lame）/绿色（104）…1g、紫色（106）…2g
别针/灰色（a-517）…1个 夹心棉…适量
钩针2/0・3/0号

尺寸…参照图示
作品图 ► 第32页

基底（238） 前·后侧 各1片 2/0号

参照第6页的基底编织图，后侧编织6行，前侧编织6行+1行（短针36针·第6行开始无加减针）

紫花地丁的花
a 2个 b 1个 3/0号

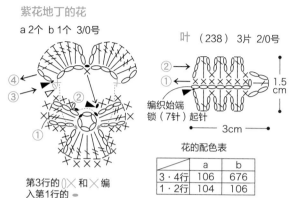

④ ③ ② ①

第3行的 0✕ 和 ✕ 编入第1行的 ●

叶（238） 3片 2/0号

② ①

编织始端锁（7针）起针

1.5cm
3cm

花的配色表

	a	b
3・4行	106	676
1・2行	104	106

组合方法

①花侧绣花。
用（901）直针绣（参照第79页）

用（543）捲线绣绕线5圈（参照第79页）

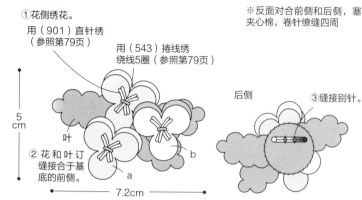

②花和叶订缝接合于基底的前侧。

叶 a b

后侧

③缝接别针

7.2cm

5cm

※反面对合前侧和后侧，塞夹心棉，卷针缭缝四周

作品41

OLYMPUS Emmy Grande（colors）/绿色系（265）…5g、白色（801）…1g
Emmy Grand/紫色系（672）・紫色系（676）…各1g、绿色系（243）…少量
别针/灰色（a-517）…1个 夹心棉…适量
钩针2/0

尺寸…参照图示
作品图 ► 第32页

三色堇的花 3个

—— =676
—— =801
—— =672

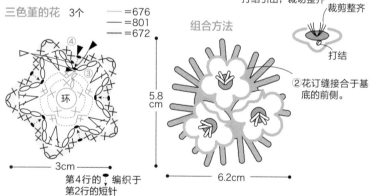

④ ③ ②

环

第4行的 编织于第2行的短针

3cm

花蕊（243）

※双线穿入中心的线环，打结引出，裁切整齐

裁剪整齐

打结

组合方法

②花订缝接合于基底的前侧。

5.8cm
6.2cm

后侧

③别针缝接于基底。

①塞入夹心棉，对齐前侧及后侧卷针缭缝。

叶（265） 1片

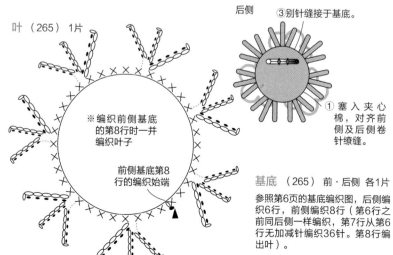

※编织前侧基底的第8行时一并编织叶子

前侧基底第8行的编织始端

基底（265） 前·后侧 各1片

参照第6页的基底编织图，后侧编织6行，前侧编织8行（第6行之前同后侧一样编织，第7行从第6行无加减针编织36针。第8行编出叶）。

作品42

OLYMPUS Emmy Grande/绿色系（238）…5g、紫色系（672）・紫色系（676）…1g、绿色系（243）・黑色（901）…各少量
cottoncuore（lame）/绿色（104）・紫（106）…各2g
Emmy Grande（colors）/白色（801）…1g、黄色系（543）…少量
别针/灰色（9-11-3）…1个
钩针2/0・3/0号

尺寸…参照图示
作品图 ► 第32页

紫花地丁的花 3个 3/0号

按作品40的紫花地丁的花a同样配色同样编织，并同样绣花

三色堇的花 3个 2/0号

按作品41的三色堇的花同样配色同样编织，并同样接合花蕊

基底（238） 1片 2/0号

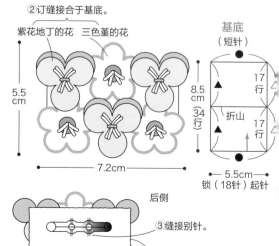

编织始端 锁（18针）起针

组合方法

②订缝接合于基底。

紫花地丁的花 三色堇的花

5.5cm

7.2cm

后侧

③缝接别针。

①折山侧反面向内折入对齐拼合记号，卷针缭缝四周。

基底（短针）

	17行
折山	
	17行

8.5cm（34行）

5.5cm
锁（18针）起针

34

作品44

HAMANAKA 华仕歌德钩织/浅紫色（123）…3g、黄绿色（107）·黄绿色（108）…各1g 亚美图麻/绿色（9）…2g
别针/灰色（a-517）…1个　手工花用铁丝（26号）…36cm
钩针2/0号·3/0号

尺寸…参照图示
作品图 ► 第33页

花（123）　1个　2/0号

第3行的 —— 编织包住第2行的引拔
针，编织成锁针（参照第17页"花瓣
的编织方法"）

花蕊（107）1个
2/0号

╳＝短针的扭针
├─ 1cm ─┤

叶（108）2片　2/0号

编织始端　锁（5针）起针
├───── 2.2cm ─────┤

1.2
cm

※叶的第2行的 —— 按花的 —— 同样编织

藤蔓（107）1根　2/0号

0.4
cm

编织始端
锁（35针）起针　　重复　　5针　①

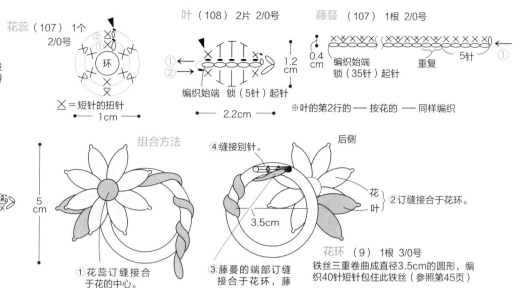

├─ 4cm ─┤

5
cm

组合方法

①花蕊订缝接合
于花的中心。

├──── 6cm ────┤

④缝接别针。

后侧

3.5cm

③藤蔓的端部订缝
接合于花环，藤
蔓缠绕于花环。

花} ②订缝接合于花环。
叶}

花环（9）1根　3/0号

铁丝三重卷曲成直径3.5cm的圆形，编
织40针短针包住此铁丝（参照第45页）

作品45

HAMANAKA 亚美图麻/紫色（12）…8g、绿色
（9）…3g 华仕歌德钩织/黄绿色（107）…2g
别针/灰色（a-517）…1个
钩针2/0号·4/0号

尺寸…参照图示
作品图 ► 第33页

花瓣（12）8片
叶（9）1片} 4/0号

2.5cm

编织始端 锁（7针）起针
├──── 4cm ────┤

花的组合方法

对折花瓣（8片），
穿线于底部拼接

组合方法

①共线塞入花蕊，花蕊
的第2行订缝接合于
花瓣。

8
cm

├──── 8.5cm ────┤

花蕊（107）1个
2/0号

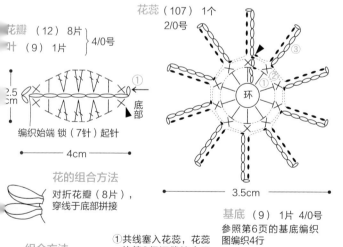

├───── 3.5cm ─────┤

基底（9）1片　4/0号

参照第6页的基底编织
图编织4行

③缝接别针。

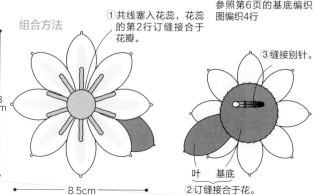

叶　基底

②订缝接合于花。

作品46

HAMANAKA 华仕歌德钩织/浅紫色（123）…3g、黄绿色
（108）…2g、白色（101）…1g、黄绿色（107）…少量
别针/灰色（a-517）…1个
钩针2/0号

尺寸…参照图示
作品图 ► 第33页

叶（108）2片

1.6
cm

编织始端　锁（7针）起针
├───── 2.8cm ─────┤

基底（108）2片

参照第6页的基底编织
图编织6行

花蕊（107）2片

宽1cm的厚纸侧绕线
10圈，中心另用线绕
2圈打结，线头延长保
留，并剪断线环的两端

花　1个

—— ＝101
—— ＝123

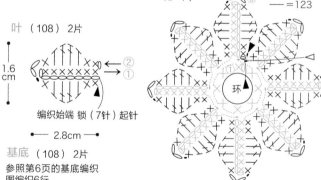

—— ＝编织包住第1行的短针，编织于锁针侧
（参照第17页"花瓣的编织方法"）

├───── 6cm ─────┤

剪断线环

用剩余的线头
→ 将花蕊订缝接
合于花的中心

组合方法

7.5
cm

花　叶

②订缝接合于
基底的正面。

├───── 7.2cm ─────┤

③缝接别针。

①对齐2片基底
卷针缭缝。

35

Marguerite

雏菊

47

48

49

编织方法 ► 第 38 页　设计 / 编织　镰田惠美子

50
蕾丝花

5I
波斯菊

52
蕾丝花 & 波斯菊

作品47

HAMANAKA 华仕歌德钩织/白色（101）·苔绿色（126）…各2g、黄色（104）…少量
别针/银色（9-11-6）…1个
钩针2/0号

尺寸…参照图示
作品图 ► 第36页

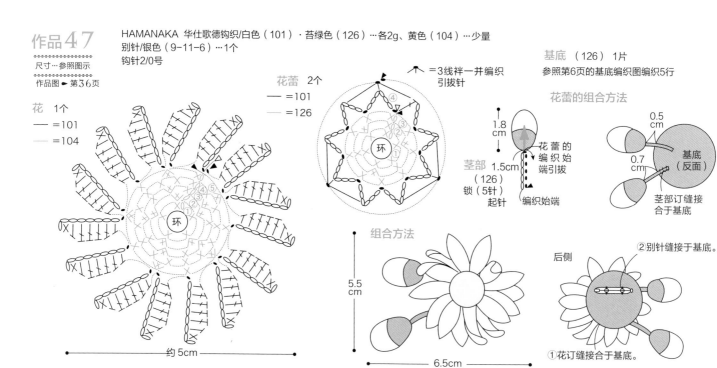

花 1个
—— =101
—— =104

花蕾 2个
—— =101
—— =126

↑ =3线袢一并编织引拔针

环

基底（126）1片
参照第6页的基底编织图编织5行

花蕾的组合方法

1.8cm

花蕾的编织始端引拔

茎部 1.5cm（126）锁（5针）起针

编织始端

0.5cm

0.7cm

基底（反面）

茎部订缝接合于基底

约5cm

组合方法

5.5cm

6.5cm

后侧

②别针缝接于基底。

①花订缝接合于基底。

作品48

HAMANAKA 华仕歌德钩织/白色（101）…5g、苔绿色（126）…2g、黄色（104）…少量
别针/银色（9-11-8）…1个
钩针2/0号

尺寸…参照图示
作品图 ► 第36页

花 2个
按作品47的花同样配色同样编织

叶（126）3片

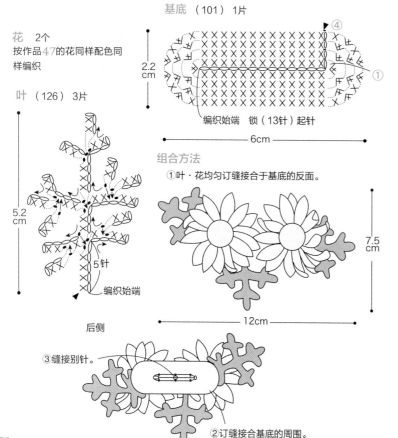

5.2cm

5针

编织始端

基底（101）1片

2.2cm

编织始端 锁（13针）起针

6cm

组合方法

①叶·花均匀订缝接合于基底的反面。

12cm

7.5cm

后侧

③缝接别针。

②订缝接合基底的周围。

作品49

HAMANAKA 华仕歌德钩织/白色（101）…6g
苔绿色（126）…3g、黄色（104）…少量
别针/银色（9-11-8）…1个
钩针2/0号

尺寸…参照图示
作品图 ► 第36页

花 3个
按作品47的花同样配色同样编织

花蕾 4个
按作品47的花蕾同样配色同样编织

花的茎部（126）
5.5cm锁（20针）
5cm锁（18针）
编织始端 4cm锁（15针）起针

花蕾的茎部（126）a·b各2根
按以下针数参照作品47的茎部同样编织
a=1.5cm 锁（5针）起针
b=2cm 锁（8针）起针

叶（126）2片
按作品48的叶同样编织

基底（126）1片
参照第6页的基底编织图编织8行

组合方法

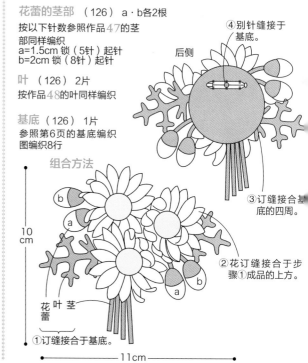

后侧

④别针缝接于基底。

③订缝接合基底的四周。

10cm

②花订缝接合于步骤①成品的上方。

花 叶 茎 蕾

①订缝接合于基底。

11cm

OLYMPUS Emmy Grande/白色（801）·绿色系（251）…各3g
别针/银色（9-11-8）…1个
花边针0号

基底 （251） 1片
参照第6页的基底编织
图编织8行

④缝接别针。

后侧

③订缝接合基底
的周围。

蕾丝花 花a 5个 ——=251 ——=801

蕾丝花 花b 1个 ——=251 ——=801

组合方法

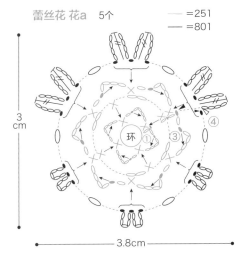

3cm

3.8cm

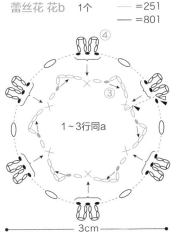

1～3行同a

3cm

7cm

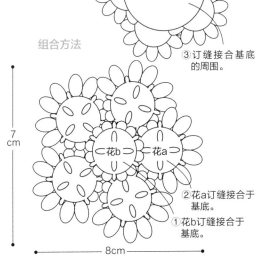

②花a订缝接合于
基底。

①花b订缝接合于
基底。

8cm

OLYMPUS Emmy Grande（harbs）/绿色系（273）…7g、黄色系（582）…少量
Emmy Grande/白色（801）…5g、绿色系（251）…2g
别针/银色（9-11-6）…1个 手工花用铁丝（#26）…19cm（8根※茎部用）·10cm（1根※组合用）
丝带（宽1.2cm）…A=8cm（1根）、B=24cm（1根）
花边针0号

波斯菊 花 2个 ——=582 ——=801

● 引拔于 ○ 的针圈

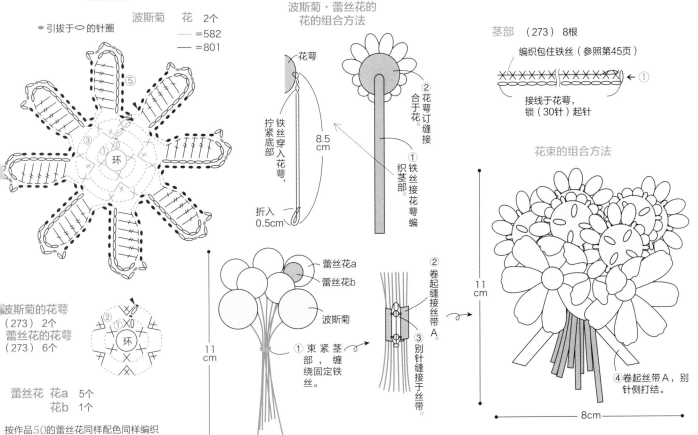

波斯菊·蕾丝花的
花的组合方法

花萼

铁丝穿入花萼，
拧紧底部

折入
0.5cm

8.5
cm

②花萼订缝接
合于花。

①织茎部，
铁丝接花萼编

茎部 （273） 8根
编织包住铁丝（参照第45页）

接线于花萼，
锁（30针）起针

花束的组合方法

蕾丝花a
蕾丝花b

波斯菊

①束紧茎
部，缠
绕固定铁
丝

11
cm

②卷起缝
接丝带A

③别针缝接于丝
带

④卷起丝带A，别
针侧打结。

11
cm

8cm

波斯菊的花萼
（273） 2个
蕾丝花的花萼
（273） 6个

②①X○
环

蕾丝花 花a 5个
花b 1个

按作品50的蕾丝花同样配色同样编织

圣诞玫瑰 & 雪片莲

53
圣诞玫瑰

54
圣诞玫瑰

55
雪片莲

56
圣诞玫瑰 & 雪片莲

编织方法 ● 作品 53・54・55- 第 42 页　作品 56- 第 19 页　设计 / 编织　冈真理子

Anemone

银莲花

57

58

59

作品54

尺寸…参照图示
作品图 ▶ 第40页

DMC　CEBELIA（10号）/红色系（816）…2g、黄色系
（745）…0.5g
BABYLO（10号）/绿色系（890）…1g
别针/银色（9-11-8）…1个
手工花用铁丝（#24）…12cm
花边针2号

花　1个
按作品53的花同样编织
—— ＝745
—— ＝816

组合方法

叶（890）3片
 ➡ 挂起上一个针圈的线衹，入针
于箭头前端针圈的头部，引拔
拼接

❸　❷　❶

编织始端
锁（12针）起针

（6针）　（1针）

2.5cm

茎部（890）1根　6cm
※对折铁丝的两端，
短针编织包住铁丝
（参照第45页）

54＝（25针）
56＝（35针）

2.5
cm

6.5cm

后侧

②缝接别针。

①顶部订缝接合于花萼（花
的第⑥·⑦行）的周围。

作品53

尺寸…参照图示
作品图 ▶ 第40页

DMC　BABYLO（10号）/红色系（815）…2g、
CEBELIA（10号）黄色系（745）…0.5g
别针/灰色（a-517）…1个
花边针2号

花　1个
—— ＝745
—— ＝815

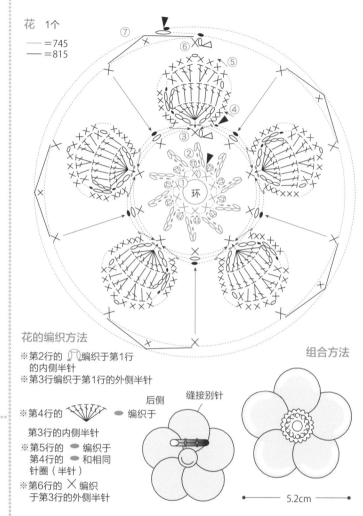

⑦　⑥　⑤　④　③　②　①　环

组合方法

花的编织方法
※第2行的 編织于第1行
的内侧半针
※第3行编织于第1行的外侧半针

※第4行的 編织于
第3行的内侧半针
※第5行的 編织于
第4行的 和相同
针圈（半针）
※第6行的 × 编织
于第3行的外侧半针

后侧
缝接别针

5.2cm

作品55

尺寸…参照图示
作品图 ▶ 第40页

DMC　BABYLO（10号）/绿色系（890）…2g、白色
（BLANC）…各1g、绿色系（989）…少量
别针/银色（9-11-8）…1个
手工花用铁丝（#24）…14.5cm（1根※茎a用）·约
25cm（1根※茎b·c用）
花边针0号

底5行编织完成后休针，第6行编织
完成后用休针的线编织第7行

⑦　⑤　②　环

花　3个
—— ＝989
—— ＝BLANC
—— ＝890

※编织始端的线环插
入茎部，轻轻收紧

茎部（890）1根

b　c
a

（26针）
4.8
cm

（32针）
6cm

（20针）
3.5
cm

③短针编织包住
a·b·c的铁丝
（参照第45页）。

②短针23针编织包住铁
丝（参照第45页）。

4
cm

作品56

①铁丝a的端部（3.5cm）缠绕
于铁丝b·c（此时，端部呈
环状）。

茎部（890）1片

1
cm

叶
前
端

5.5cm

编织始端锁（20针）起针

茎部的铁丝的组合方法
对应铁丝的指定尺寸制作成
环状，并拧紧底部

a　b　c

2.5
cm

2.5
cm

2.5
cm

7.5
cm

8.8
cm

10
cm

3.5
cm

组合方法

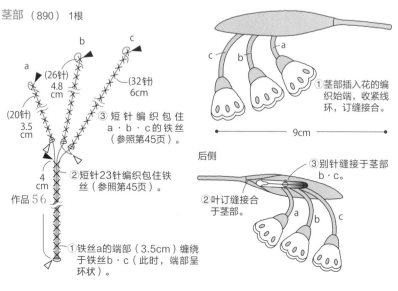

c　b　a

①茎部插入花的编
织始端，收紧线
环，订缝接合。

9cm

后侧

③别针缝接于茎部
b·c。

②叶订缝接合
于茎部。

a　b　c

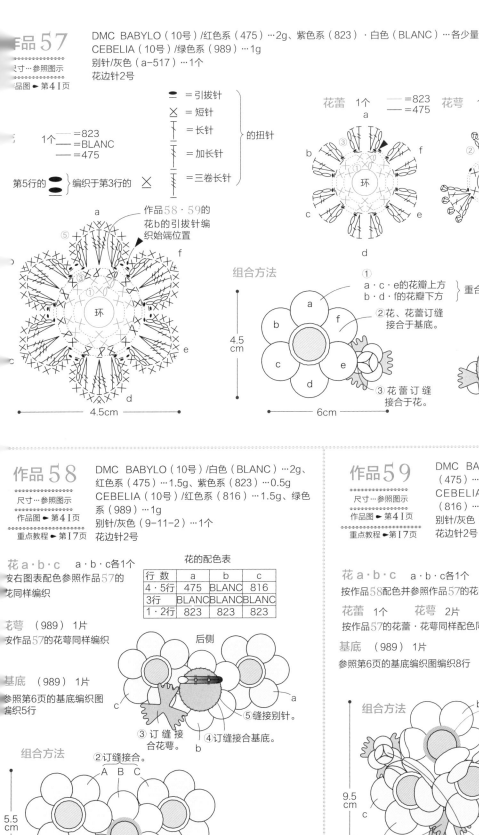

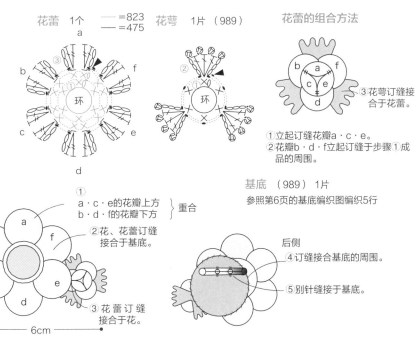

作品57

DMC BABYLO（10号）/红色系（475）…2g、紫色系（823）·白色（BLANC）…各少量
CEBELIA（10号）/绿色系（989）…1g
别针/灰色（a-517）…1个
花边针2号

尺寸…参照图示
作品图 ➡ 第41页

━ = 引拔针
× = 短针
↑ = 长针
↟ = 加长针
↡ = 三卷长针

的扭针

1个 ─ =823
─ =BLANC
─ =475

第5行的 ━ 编织于第3行的 ×

花蕾 1个
── =823
── =475
a

花萼 1片（989）

花蕾的组合方法

③花萼订缝接合于花蕾。

①立起订缝花瓣a·c·e。
②花瓣b·d·f立起订缝于步骤①成品的周围。

作品58·59的花b的引拔针编织始端位置

组合方法

①
a·c·e的花瓣上方
b·d·f的花瓣下方
重合

②花、花蕾订缝接合于基底。

③花蕾订缝接合于花。

4.5cm

4.5cm

6cm

基底（989）1片
参照第6页的基底编织图编织5行

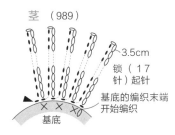

后侧
④订缝接合基底的周围。
⑤别针缝接于基底。

作品58

DMC BABYLO（10号）/白色（BLANC）…2g、红色系（475）…1.5g、紫色系（823）…0.5g
CEBELIA（10号）/红色系（816）…1.5g、绿色系（989）…1g
别针/灰色（9-11-2）…1个
花边针2号

尺寸…参照图示
作品图 ➡ 第41页
重点教程 ➡ 第17页

花a·b·c a·b·c各1个
安右图表配色参照作品57的花同样编织

花的配色表

行 数	a	b	c
4·5行	475	BLANC	816
3行	BLANC	BLANC	BLANC
1·2行	823	823	823

花萼（989）1片
安作品57的花萼同样编织

基底（989）1片
参照第6页的基底编织图编织5行

后侧
③订缝接合花萼。
④订缝接合基底。
⑤缝接别针。

c
a
b

组合方法

②订缝接合。
A B C

5.5cm

①花b的第3行的头部，用（475）编织引拔针（参照第17页）。

花萼

9cm

作品59

DMC BABYLO（10号）/白色（BLANC）·红色系（475）…各2g、紫色系（823）…0.5g
CEBELIA（10号）/绿色系（989）…2g、红色系（816）…1.5g
别针/灰色（9-11-2）…1个
花边针2号

尺寸…参照图示
作品图 ➡ 第41页
重点教程 ➡ 第17页

花a·b·c a·b·c各1个
按作品58配色并参照作品57的花同样编织

花蕾 1个　花萼 2片
按作品57的花蕾·花萼同样配色同样编织

基底（989）1片
参照第6页的基底编织图编织8行

茎（989）

3.5cm
锁（17针）起针
基底的编织末端开始编织
基底

组合方法

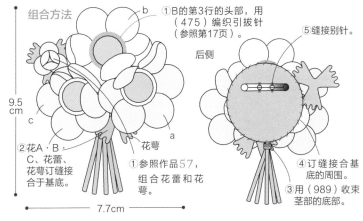

b
①B的第3行的头部，用（475）编织引拔针（参照第17页）

⑤缝接别针。
后侧
a

c
②花A·B·C、花蕾、花萼订缝接合于基底。

①参照作品57，组合花蕾和花萼。

花萼
a

9.5cm

④订缝接合基底的周围。

③用（989）收束茎的底部。

7.7cm

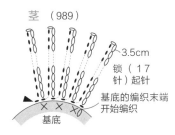

43

田舍农家的各种花草聚集眼前般的乡村花园。
种植自己喜欢的花，在自然中享受英式的田舍生活。

编织方法 ◆作品 60・6I・63- 第 46 页　作品 62- 第 47 页　设计 / 编织　冈真理

60

6I

62

63

White clover

白三叶

通用基础

⇒ 编织短针于铁丝的方法

〈 花环 〉

1　钩针送入铁丝环中，挂线于针如箭头所示引出。

2　再次挂线于针，如箭头所示引出（这个是立起的锁1针）。

3　送入钩针，编织包住铁丝和编织始端的线头，挂线于针引出。

4　挂线于针尖，引拔。右下图为引拔完成（短针1针完成）。

〈 茎部 a（短针直接编织包住铁丝）〉

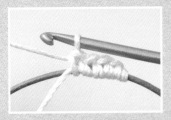

5　重复步骤3·4，编织短针。图中为编织完成状态。整周编织完成之后，最初的短针侧引拔。

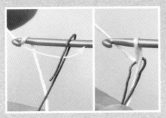

1　铁丝的端部制作成环形，入针于此环形、挂线于针，如箭头所示引出。右图为引出完成。

2　立起的锁1针，铁丝环的底部用钳子拧紧固定，编织始端的线头贴近铁丝。

3　如步骤2箭头所示，编织短针包住铁丝和线头。下图为编织完成数针短针的状态。铁丝的编织末端制作成环形的位置，编织最后的针圈时，入针于此环形编织短针。

〈 茎部 b（编织起针的锁针，再短针编织包住铁丝）〉

1　起针的锁针编织完成，铁丝的端部制作成环形，入针于此环形、挂线于针尖，按照箭头引出（立起的锁针完成1针）。右图为引出的状态（线接合于铁丝）。

2　用钳子拧紧固定铁丝环的底部之后，入针于锁针的里山，编织短针包住铁丝。左上图为短针完成1针的状态。

3　短针1针完成，用钳子压扁铁丝环，固定铁丝。

4　按步骤2要领，编织短针包住铁丝。图中为编织完成数针短针的状态。铁丝的编织末端制作成环形的位置，编织最后的针圈时，入针于此环形编织短针。

〈 别针的缝接方法 〉

1　穿线于针，线潜入基底的织片，出针于别针的缝接位置。"穿针于别针的孔，挑起织片。"重复一次""中操作。

2　对称侧同样重复两次步骤Ⅰ""中操作。左侧同样重复步骤Ⅰ·2，缝接。右图为别针缝接完成状态。

〈 编织球的处理方法 〉

1　编织末端的线头穿针，逐针挑起最终行头部的针圈，全针穿线（指定半针的位置挑起半针）。

2　收紧穿针的线（左图），线头穿入编织球（右图）。

作品6I

HAMANAKA 酷拉/绿色（13）…2g 华仕歌德钩织/白色（101）…0.5g
迪迪钩织/红色（8）·黑色（20）…各少量
别针/灰色（a-517）…1个
钩织2/0号

尺寸…参照图示
作品图 ► 第44页

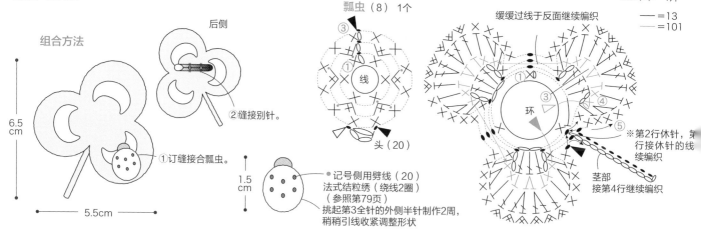

组合方法

6.5 cm

5.5cm

后侧

②缝接别针。

①订缝接合瓢虫。

瓢虫（8）1个

③
①
线

头（20）

1.5 cm

• 记号侧用劈线（20）
法式结粒绣（绕线2圈）
（参照第79页）
挑起第3全针的外侧半针制作2周，
稍稍引线收紧调整形状

三叶草 1片

— =13
— =101

缓缓过线于反面继续编织

①×0
③
环
④
⑤

※第2行休针，第
行接休针的
续编织

茎部
接第4行继续编织

作品60

HAMANAKA 酷拉/绿色（13）…1.5g
华仕歌德钩织/白色（101）·黄绿色（107）·苔绿色（126）…各1g
别针/银色（9-11-8）…1个
钩织2/0号·3/0号

尺寸…参照图示
作品图 ► 第44页

a·b·c各1片 2/0·3/0号

按以下配色表，参照作品6I的三叶草分
别编织第4行之前

配色表

	—	—	茎部的针数	针的号数
a	13	101	17针	3/0号
b	126	101	12针	2/0号
c	107	101	10针	

组合方法

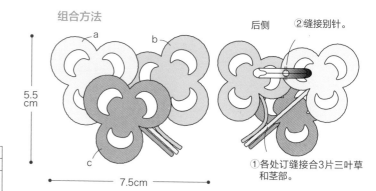

a
b
c

5.5 cm

7.5cm

后侧

②缝接别针。

①各处订缝接合3片三叶草
和茎部。

作品63

HAMANAKA 华仕歌德钩织/白色（101）·黄绿色（108）…各2g、
黄绿色（107）·苔绿色（126）…各1g
别针/灰色（9-11-2）…1个
钩织2/0号

尺寸…参照图示
作品图 ► 第44页

花（101）

③
①
环

※编织末端的
线头留15cm

■ =引拔针的
扭针

三叶草 a·b·c·d各1片

按以下配色表，参照作品6I的三叶草
分别编织第4行之前的部分

配色表

	—	—	茎部的针数
a	108	101	25针
b	108	101	28针
c	126	101	20针
d	107	101	20针

组合方法

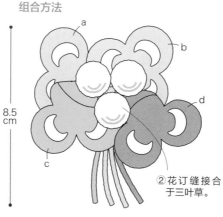

a
b
c
d

8.5 cm

7.5cm

花的组合方法

（正）

用编织末端的线，挑起第3
行 ⬭ 的内侧半针制作整周，
稍稍收紧共线

②花订缝接合
于三叶草。

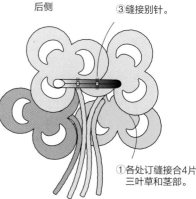

后侧

③缝接别针。

①各处订缝接合4片
三叶草和茎部。

作品62

HAMANAKA 华仕歌德钩织/白色（101）・黄绿色（108）…各2g 酷拉/绿色（13）…4.5g
别针/灰色（9-11-2）…1个 手工花用铁丝（#24）…约36cm
钩织2/0号

尺寸…参照图示

作品图 ▶ 第44页

花（101）8个 ※编织末端的线头延长保留

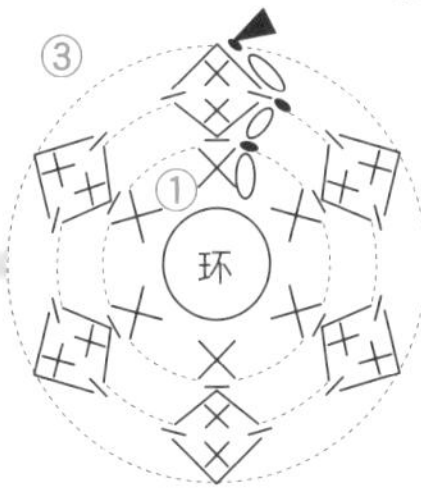
③
①
环

花的组合方法
稍稍收紧共线，挑起第3行头部全针的外侧半针，用编织末端的线头制作1周，收紧（参照第45页“编织球的处理方法”）

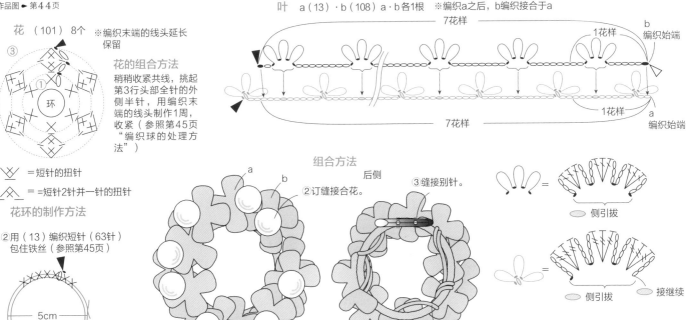

叶 a（13）・b（108）a・b各1根 ※编织a之后，b编织接合于a

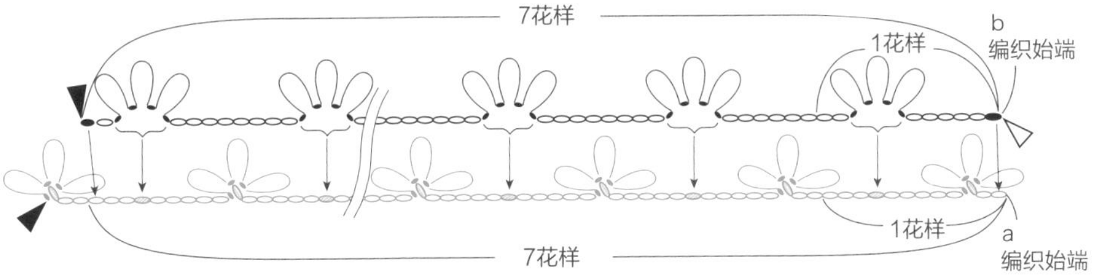
7花样
1花样
b
编织始端
1花样
a
编织始端
7花样

= 短针的扭针
= 短针2针并一针的扭针

花环的制作方法

②用（13）编织短针（63针）包住铁丝（参照第45页）

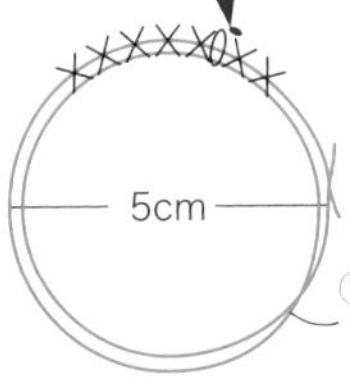
5cm

①用铁丝制作直径5cm环形（双重）。

组合方法

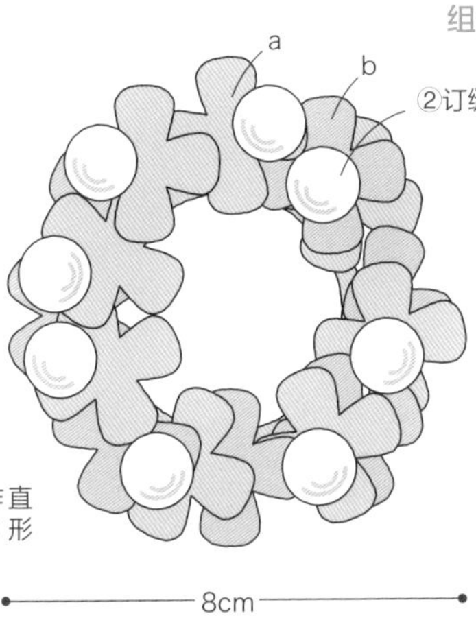
a
b
②订缝接合花。
8cm

后侧

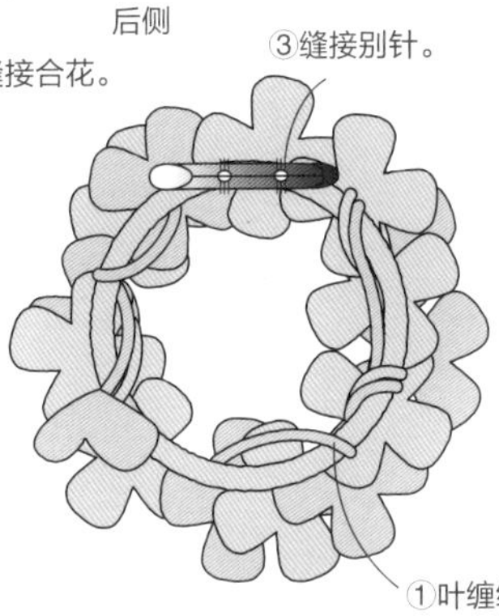
③缝接别针。
①叶缠绕于花环，各处订缝接合。

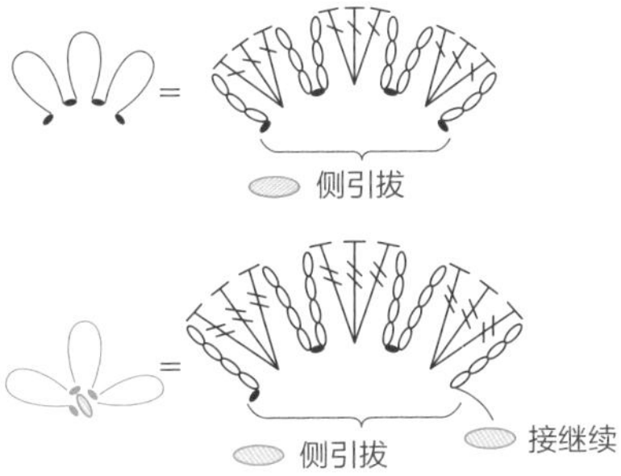
=
侧引拔
=
侧引拔
接继续

作品73

DMC Natura/绿色系（N46）…5g、紫色系（N59）…1g、紫色系（N45）…0.5g、粉色系（N07）・蓝色系（N25）・蓝色系（N53）…各少量
别针/银色（9-11-2）…1个
钩针3/0号

尺寸…参照图示

作品图 ▶ 第52页

勿忘草的花（N07）・（N25）・（N53）各2片
按第54页的作品71的花同样编织

紫罗兰的花（N59）2片・（N45）1片
按第54页的作品72的花同样编织

组合方法

①花和叶订缝接合于基底。

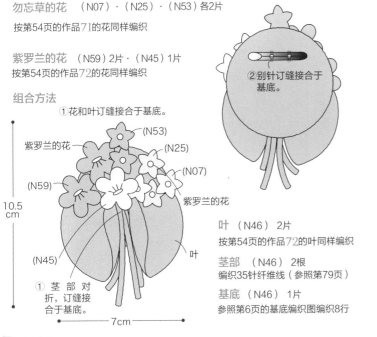

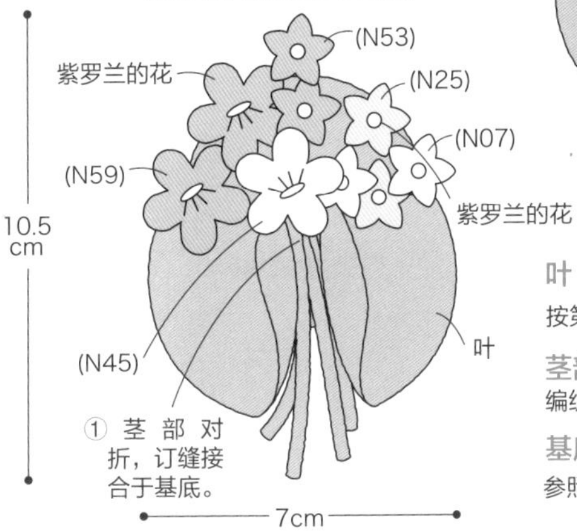
(N53)
紫罗兰的花
(N25)
(N07)
(N59)
紫罗兰的花
10.5cm
(N45)
叶
①茎部对折，订缝接合于基底。
7cm

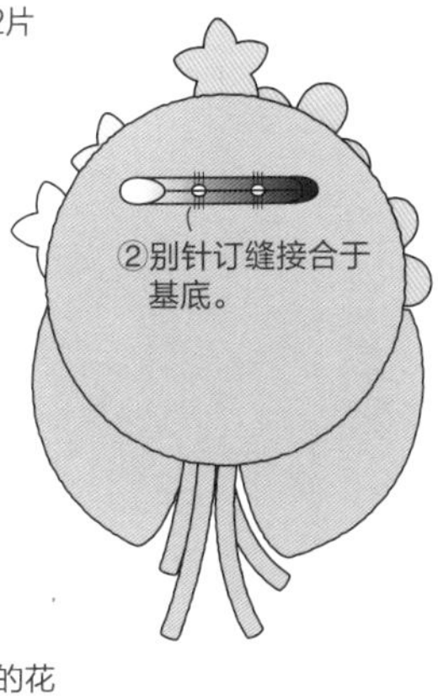
②别针订缝接合于基底。

叶（N46）2片
按第54页的作品72的叶同样编织

茎部（N46）2根
编织35针纤维线（参照第79页）

基底（N46）1片
参照第6页的基底编织图编织8行

作品74

DMC Natura/绿色系（N20）…1.5g、蓝色系（N53）・紫色系（N30）・紫色系（N31）…各1g
别针/银色（9-11-2）…1个
钩针3/0号

尺寸…参照图示

作品图 ▶ 第53页

花（N30）・（N31）・（N53）各1片
按第55页的作品76同样编织

基底（N20）1片

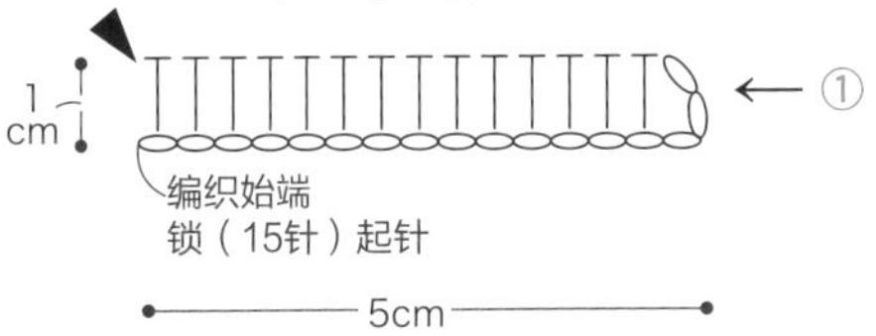
1cm
①
编织始端
锁（15针）起针
5cm

组合方法

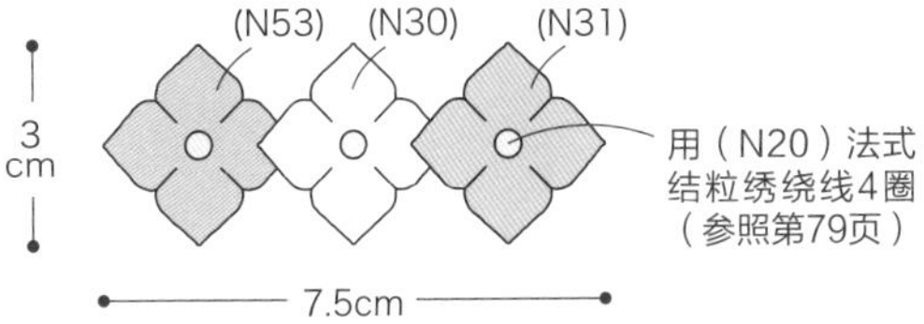
(N53)
(N30)
(N31)
3cm
用（N20）法式结粒绣绕线4圈（参照第79页）
7.5cm

后侧

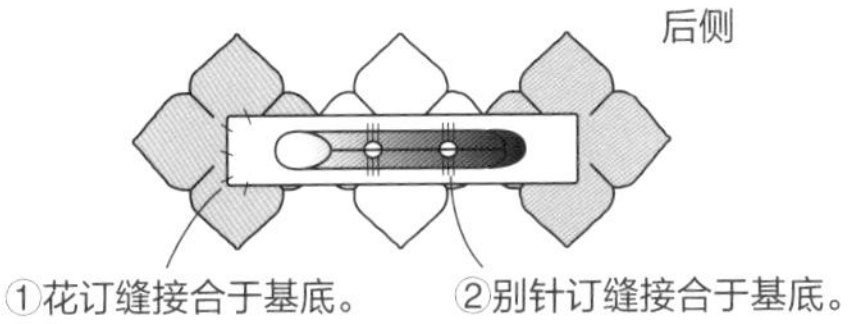
①花订缝接合于基底。
②别针订缝接合于基底。

Geranium

风露草

64

65

66

67

编织方法 ► 第 50 页　设计 / 编织　藤田智子

Tulip

郁金香

68

69

70

编织方法 ● 第51页 设计 / 编织 藤田智子

作品64

尺寸…参照图示
作品图 ► 第48页

OLYMPUS Emmy Grande（colors）/粉色系（127）…3g Emmy Grande/绿色系（238）…1g、黄色系（500）…少量
别针/银色（9-11-6）…1个
钩针2/0号

叶（238）1片

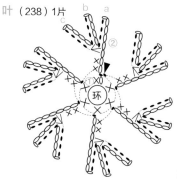

花 3片

—— ＝127
—— ＝500

∧（人 的 省略）编织叶3片，从a·b的叶的底部（〇）挑起编织

基底（238）1片

参照第6页的基底编织图编织4行

组合方法

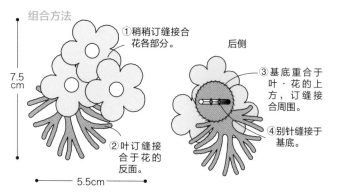

①稍稍订缝接合花各部分。

后侧

②叶订缝接合于花的反面。

③基底重合于叶·花的上方，订缝接合周围。

④别针缝接于基底。

7.5cm

5.5cm

作品65

尺寸…参照图示
作品图 ► 第48页

OLYMPUS Emmy Grande（colors）/粉色系（127）…
Emmy Grande（harbs）/绿色系（273）…1g
Emmy Grande/黄色系（500）…少量
别针/银色（9-11-6）…1个
钩针2/0号

花 2片
按作品64的花同样颜色同样编织

基底（127）1片
参照第6页的基底编织图编织4行

组合方法

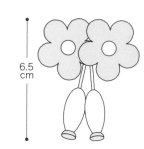

后侧

①稍稍订缝接合各部分。

④别针缝接于基底。

③基底订缝接合于花。

②花蕾订缝接合于花。

花蕾 2个

—— ＝273
—— ＝127

接于 〇

编织始端
2.5cm锁（7针）起针

6.5cm

作品67

尺寸…参照图示
作品图 ► 第48页

OLYMPUS Emmy Grande（colors）/粉色系（127）·紫色系（675）…各1g
Emmy Grande（harbs）/绿色系（273）…1g
Emmy Grande/绿色系（238）…1g、黄色系（500）·紫色系（672）…各少量
别针/银色（9-11-6）…1个
钩针2/0号

组合方法

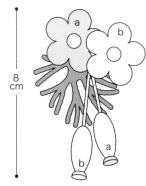

①均匀订缝接合花·叶·花蕾。

②基底订缝接合于反面，其上面缝接别针。

8cm

花 a·b 各1片
按以下配色表参照作品64的花同样编织

配色表

行 数	a	b
2·3行	127	675
1行	500	672

叶（238）1片
按作品64的叶同样编织

花蕾 a·b 各1个
按以下配色表参照作品65的花蕾同样编织

配色表

行 数	a	b
3行	127	675
1·2行	273	273
茎部·针数	7	8

基底（238）1片
参照第6页的基底编织图，编织4行

作品66

尺寸…参照图示
作品图 ► 第48页

OLYMPUS Emmy Grande（colors）/紫色系（675）…3g、粉色系（127）…2g
Emmy Grande（harbs）/绿色系（273）…1g
Emmy Grande/紫色系（672）…1g、黄色系（500）…少量
别针/银色（9-11-6）…1个
钩针2/0号

花 a2片 b3片
按以下配色表参照作品64的花同样编织

配色表

行 数	a	b
2·3行	127	675
1行	500	672

花蕾 a·b 各1个
按以下配色表参照作品65的花蕾同样编织

配色表

行 数	a	b
3行	127	675
1·2行	273	273
茎部·针数	7	8

基底（675）a·b 1片
参照第6页的基底编织图编织4行

组合方法

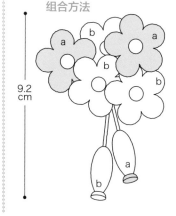

后侧

①稍稍订缝接合花各部分，基底订缝接合于花。

③别针缝接于基底。

②花蕾订缝接合于花。

9.2cm

50

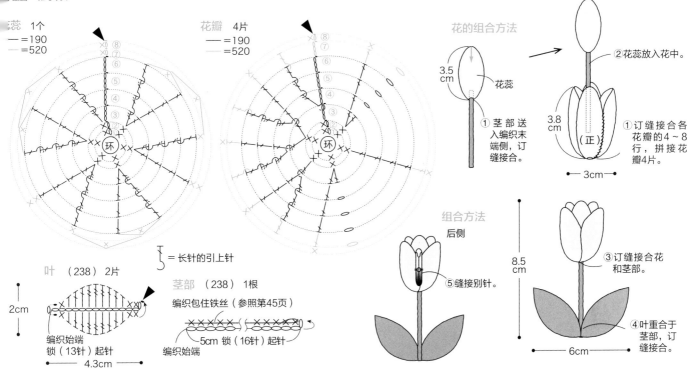

作品69

OLYMPUS Emmy Grande（harbs）/红色（190）…4g
Emmy Grande/黄色系（520）…3g、绿色系（238）…2g
别针/银色（9-11-8）…1个 手工花用铁丝（#30）…11cm
钩针2/0号

尺寸…参照图示
作品图► 第49页

花蕊 1个
—=190
─=520

花瓣 4片
—=190
─=520

花的组合方法

3.5cm
花蕊

②花蕊放入花中。

①茎部送入编织末端侧，订缝接合。

3.8cm
（正）
►3cm◄

①订缝接合各花瓣的4～8行，拼接花瓣4片。

组合方法
后侧

⑤缝接别针。

8.5cm

③订缝接合花和茎部。

④叶重合于茎部，订缝接合。

►6cm◄

𝇇 =长针的引上针

叶（238）2片
2cm
编织始端
锁（13针）起针
►4.3cm◄

茎部（238）1根
编织包住铁丝（参照第45页）
5cm 锁（16针）起针
编织始端

作品68

OLYMPUS Emmy Grande（harbs）/红色（190）…4g
Emmy Grande/黄色系（520）…4g、黄色系（808）·绿色系（238）各2g
Emmy Grande（colors）/橙色系（555）·粉色系（127）各1g
别针/银色（9-11-8）…1个
手工花用铁丝（#30）…10.5cm（3根※茎部A用）·11cm（1根※茎部B用）
丝带（宽0.4cm）…25cm
钩针2/0号

尺寸…参照图示
作品图► 第49页

花蕊 a·b·c 各1个
以下配色表参照作品69的花蕊同样编织

配色表

行数	a	b	c
·8行	808	520	520
～6行	127	808	555

花瓣 4片
按作品69的花瓣同样颜色同样编织

花蕊 1个
按作品69的花蕊同样配色同样编织

茎部（238）
a=3根（花、花蕾a·b用）
b=1根（花蕾c用）
编织包住铁丝（参照第45页）
a=4.5cm 锁（13针）
b=5cm 锁（16针）
编织始端

组合方法
※花按作品69同样组合
※别针的缝接位置参照作品70

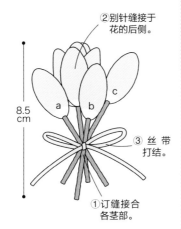

②别针缝接于花的后侧。

8.5cm
a b c

③丝带打结。

①订缝接合各茎部。

作品70

OLYMPUS Emmy Grande（colors）/粉色系（127）…4g
Emmy Grande/黄色系（521）…4g、黄色系（500）·粉色系（161）各3g、绿色系（238）…2g
别针/银色（9-11-9）…2个
手工花用铁丝（#30）…11cm（2根）
钩针2/0号

尺寸…参照图示
作品图► 第49页

花瓣 a·b 各4片
按以下配色表参照作品69的花瓣同样编织

配色表

行 数	a	b
7·8行	500	161
1～6行	127	521

花蕊 a·b 各1个
按以下配色表参照作品69的花蕊同样编织

配色表

行 数	a	b
7·8行	500	161
1～6行	127	521

茎部（238）2根
按作品69的茎部同样编织

叶（238）2片
按作品69的叶同样编织

组合方法 ※按作品69同样组合

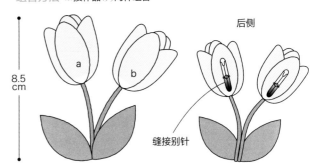

后侧

8.5cm
a b

缝接别针

勿忘草 & 紫罗兰

72
紫罗兰

71
勿忘草

73
勿忘草 &
紫罗兰

编织方法 ► 作品 71・72- 第 54 页   作品 73- 第 47 页   设计 / 编织 河合真弓

Hydrangea

紫阳花

74

75
柏叶紫阳花

76

DMC Natura/蓝色系（N25）…2g、绿色系（N46）…1.5g、白色（N02）…0.5g
别针/银色（9-11-2）…1个
手工花用铁丝（#30）…12cm（2根※茎部a用）·10cm（1根※茎部b用）
钩针3/0号

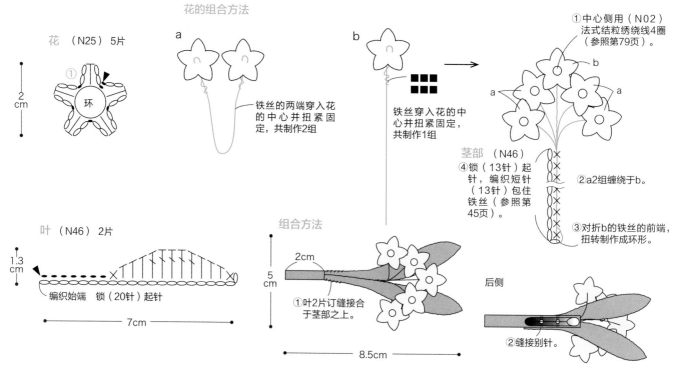

花（N25）5片

2cm

叶（N46）2片

1.3cm

编织始端 锁（20针）起针

7cm

花的组合方法

a

铁丝的两端穿入花的中心并扭紧固定，共制作2组

b

▪▪▪
▪▪▪

铁丝穿入花的中心并扭紧固定，共制作1组

①中心侧用（N02）法式结粒绣绕线4圈（参照第79页）。

b

a

a

茎部（N46）
④锁（13针）起针，编织短针（13针）包住铁丝（参照第45页）。

②a2组缠绕于b。

③对折b的铁丝的前端，扭转制作成环形。

组合方法

2cm

5cm

①叶2片订缝接合于茎部之上。

8.5cm

后侧

②缝接别针。

DMC Natura/绿色系（N46）…3g、紫色系（N59）…0.5g、白色（N02）…少量
别针/银色（9-11-1）…1个 手工花用铁丝（#30）…13cm
钩针3/0号

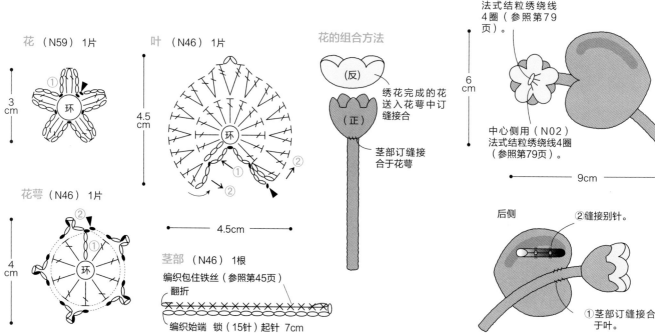

花（N59）1片

3cm

叶（N46）1片

4.5cm

4.5cm

花萼（N46）1片

4cm

茎部（N46）1根
编织包住铁丝（参照第45页）
翻折
编织始端 锁（15针）起针 7cm

花的组合方法

（反）

（正）

绣花完成的花送入花萼中订缝接合

茎部订缝接合于花萼

组合方法

中心侧用（N02）法式结粒绣绕线4圈（参照第79页）。

6cm

中心侧用（N02）法式结粒绣绕线4圈（参照第79页）。

9cm

后侧

②缝接别针。

①茎部订缝接合于叶。

作品75
寸…参照图示
品图 ◆第53页

DMC Natura/白色系（N02）…3g、黄绿色系
（N76）…1.5g
别针/灰色（9-11-3）…1个
手工花用铁丝（#30）…16cm（1根※花组合
用）·（20#）…16cm（1根※茎用）
钩针3/0号

叶 （N76） 1根

编织包住铁丝（参照第45页）
②
①
2cm
编织始端 锁（25针）起针
10cm

花a （N02） 5片　　　花b （N02） 1片

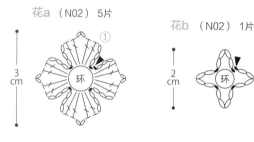

①
环
3cm

①
环
2cm

花a 的组合方法

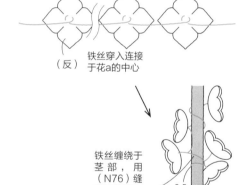

（反）
铁丝穿入连接
于花a的中心

铁丝缠绕于
茎部，用
（N76）缝
接于茎部
3.5cm

组合方法

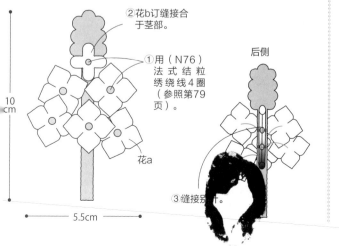

②花b订缝接合
于茎部。
①用（N76）
法式结粒
绣绕线4圈
（参照第79
页）。

后侧

10cm

花a

③缝接别针。

5.5cm

作品76
尺寸…参照图示
作品图 ◆第53页

DMC Natura/粉色系（N52）…5g、粉色系（N07）…2g、
绿色系（N21）…1g
别针/银色（9-11-2）…1个
钩针3/0号

叶 （N21） 1片

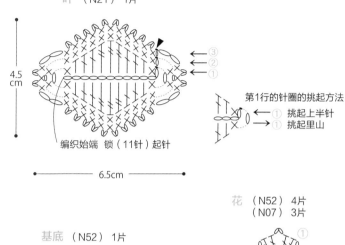

③
②
①
4.5cm

第1行的针圈的挑起方法
①挑起上半针
②挑起里山

编织始端 锁（11针）起针
6.5cm

花 （N52） 4片
　（N07） 3片

①
环
3cm

基底 （N52） 1片

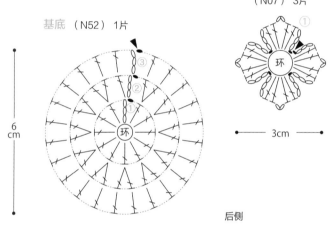

③
②
①
6cm
环

组合方法

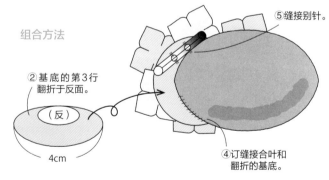

后侧
⑤缝接别针。

②基底的第3行
翻折于反面。
（反）
4cm

④订缝接合叶和
翻折的基底。

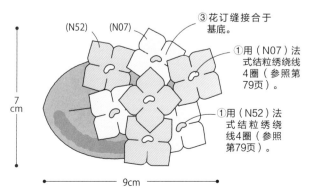

（N52）（N07）

③花订缝接合于
基底。

①用（N07）法
式结粒绣绕线
4圈（参照第
79页）。

①用（N52）法
式结粒绣绕
线4圈（参照
第79页）。

7cm

9cm

Pansy

三色堇

77a

77b

78

79

80

编织方法 ◆ 作品77-第63页　作品78·79·80-第58页　设计／编织　远藤弘美

Primula

报春花

81

82

83

84a

84b

84c

编织方法 ► 第 59 页　设计 / 编织　远藤弘美

作品78

OLYMPUS　Emmy Grande/黄色系（520）…1.5g、紫色系（778）…1g
Emmy Grande（colors）/绿色系（265）·绿色系（244）各1g
别针/银色（9-11-1）…1个
花边针0号

尺寸…参照图示
作品图 ► 第56页

组合方法

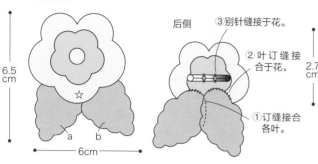

6.5 cm　　6cm　　☆　　a　　b

后侧
③别针缝接于花。
②叶订缝接合于花。
2.7 cm
①订缝接合各叶。

花　a·b 各1片

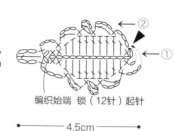

②　①　编织始端 锁（12针）起针
4.5cm

花　1个
—=520
—=778

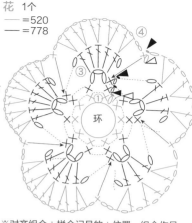

④③②☆①环
※对齐组合☆拼合记号的☆位置，组合作品

作品79

OLYMPUS　Emmy Grande/紫色系（623）…2.5g、紫色系（778）…2g、黄色系（520）…1g
Emmy Grande（colors）/绿色系（244）…2g、粉色系（127）…0.5g
Emmy Grande（harbs）/粉色系（118）…1g
别针/银色（9-11-2）…1个
花边针0号

尺寸…参照图示
作品图 ► 第56页

花　a·b 各1个
按右表配色参照作品78的花同样编织

花的配色表
	1行	2·3行	4行
a	520	778	118
b	520	778	623

基底（623）1片
参照第6页的基底编织图编织5行

花萼（244）2片

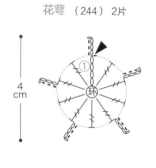

4 cm　①环

花蕾和茎部 a·b 各1片
—=a:623
　 b:127
—=244

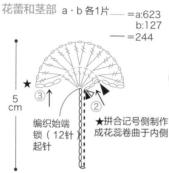

5 cm　③②①
编织始端 锁（12针）起针
★拼合记号侧制作成花蕊卷曲于内侧

组合方法

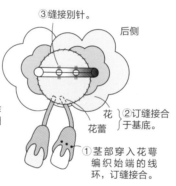

③缝接别针。
后侧
②订缝接合于基底。
花
花蕾
①茎部穿入花萼编织始端的线环，订缝接合。

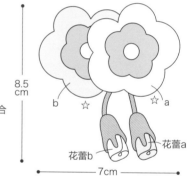

8.5 cm
b　☆　　☆　a
花蕾b　　花蕾a
7cm

作品80

OLYMPUS　Emmy Grande（colors）/绿色系（244）…6g
Emmy Grande/紫色系（788）·黄色系（520）各3g
Emmy Grande（harbs）/粉色系（118）·粉色系（141）各1g
别针/银色（9-11-2）…1个
花边针0号

尺寸…参照图示
作品图 ► 第56页

花　a·b 各1个
按以下配色表作品78的花同样编织

配色表
	1行	2·3行	4行
a	520	778	141
b	520	778	520
c	520	778	118

花蕾和茎部
按以下配色同样编织作品79的花蕾和茎部
—=520　—=244

叶（244）2片
按作品78的叶同样编织

花萼（244）1片
按作品79的花萼同样编织

组合方法

②叶订缝接合于基底。
后侧
①茎部穿入花萼编织始端的线环，订缝接合。
②茎部订缝接合于基底。
④别针缝接于基底。
③花中心订缝接合于基底。

11 cm
a　☆
b　☆　☆　c
9cm

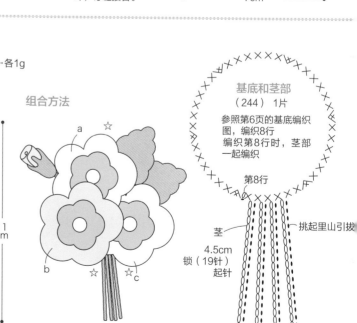

基底和茎部（244）1片
参照第6页的基底编织图，编织8行
编织第8行时，茎部一起编织
第8行
茎
4.5cm
锁（19针）起针
挑起里山引拔

作品81

OLYMPUS Emmy Grande（harbs）/绿色系（273）…2g、粉色系（119）…1g、红色（190）…少量
Emmy Grande（colors）/紫色系（675）…1g、橙色系（555）…少量
Emmy Grande/黄色系（520）…少量
别针/银色（9-11-1）…1个
尺寸…参照图示
作品图 ► 第57页
花边针0号

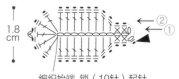

叶（273） 1片

1.8cm

② ①

编织始端 锁（10针）起针

3.5cm

●━ =引拔针的扭针

组合方法

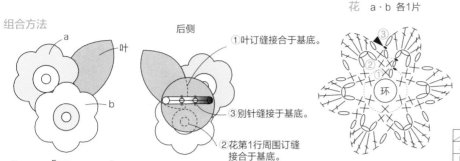

后侧

①叶订缝接合于基底。

③别针缝接于基底。

②花第1行周围订缝接合于基底。

5cm

花 a·b 各1片

基底（273） 1片
参照第6页的基底编织图编织5行

花的配色表

	1行	2行	3行
a	520	555	675
b	520	190	119

作品82

OLYMPUS Emmy Grande（colors）/橙色系（555）…4g
Emmy Grande/黄色系（520）…2.5g
Emmy Grande（harbs）/绿色系（273）…4g
别针/银色（9-11-1）…1个
尺寸…参照图示
作品图 ► 第57页
花边针0号

组合方法

花蕾a

花a

花蕾b

花b

7.5cm

基底（273） 1片
参照第6页的基底编织图，编织7行

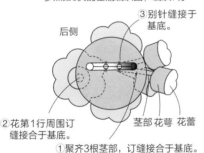

后侧

③别针缝接于基底。

②花第1行周围订缝接合于基底。

茎部 花萼 花蕾

①聚齐3根茎部，订缝接合于基底。

花 a 2片 b 1片
按以下配色表参照作品81的花同样编织

花的配色表

	1行	2行	3行
a	520	555	555
b	273	520	555

花蕾 a（520）2片 b（555）1片

编织始端 锁（8针）起针
编织始端侧制作成花蕊，卷曲于内侧

茎部（273） 3根
引拔里山

2.5cm 编织始端 锁（12针）起针

花蕾的组合方法

①卷曲花蕾，制作成形。

②花萼订缝接合于花蕾。

③茎部订缝接合于花萼。

花萼（273） 3片

①环

作品83

OLYMPUS Emmy Grande（colors）/绿色系（265）…12g、绿色系（244）…3g、粉色系（127）·粉色系（155）…各2g、橙色系（555）…少量
Emmy Grande（harbs）/粉色系（119）…3g、红色（190）·绿色系（273）…各1g
Emmy Grande/黄色系（520）…1g
别针/银色（9-11-2）…1个
尺寸…参照图示
作品图 ► 第57页
花边针0号

花 a 1片 b 2片 c 2片
按以下配色表参照作品81同样编织

花的配色表

	1行	2行	3行
a	555	520	190
b	273	520	127
c	520	273	155

叶（265） 8片
按作品81的叶同样编织

花蕾（119） 3片
按作品82的花蕾同样编织

茎部和花萼（244）各3个
按作品82的茎部和花萼分别同样编织

基底（265） 1片
参照第6页的基底编织图编织8行

组合方法

①参照作品82的"花蕾的组合方法"，组合茎部c·花萼b·花蕾。

8.5cm

c

a

b

后侧

⑤别针缝接于基底。

③茎部订缝接合于基底。

④花第1行周围订缝接合于基底。

②叶订缝接合于基底。

9.5cm

作品84

a：OLYMPUS Emmy Grande（harbs）/红色系（190）…1g Grande/黄色系（520）…少量 Grande（colors）/橙色系（555）…少量
b：Emmy Grande（colors）/粉色系（155）…1g Emmy Grande/黄色系（520）…少量 Emmy Grande（harbs）/绿色系（273）…少量
c：Emmy Grande（colors）/橙色系（555）…1g Emmy Grande/黄色系（520）…少量 Emmy Grande（harbs）/绿色系（273）…少量
别针/银色（9-11-1）…1个
尺寸…参照图示
作品图 ► 第57页
花边针0号

花 a·b·c 各1片
按以下配色表参照作品81同样编织

花的配色表

	1行	2行	3行
a	555	520	190
b	520	273	155
c	273	520	555

组合方法

别针缝接于后侧

3cm

PART IV 香草花园

诱人芬芳的香草花园。
各种各样的香草，带来意想不到的好心情。

编织方法 ➡ 作品 85 •86- 第 62 页　作品 87- 第 63 页　设计 / 编织　今村曜子

85
罗马甘菊

86
英国薰衣草

87
罗马甘菊 & 英国薰衣草

Roman camomile & English lavender

罗马甘菊 & 英国薰衣草

重点教程　作品 85·87 作品图 ▸ 第 60 页

花瓣的编织方法

I　编织花萼和花蕊。

2　反面对合花萼及花蕊，从花蕊侧入针于花蕊和花萼最终行的头部。挂花瓣的线于针尖，引拔（右上图）。

3　编织锁 4 针。

4　挑起锁针的上半针和里山，编织引拔针。图中为完成 1 针的状态。

重点教程　作品 93·94 作品图 ▸ 第 65 页

花的编入花样的编织方法

5　花瓣 1 片完成。中途将夹心棉塞入花萼及花蕊，再编织所有花瓣。

第 6 行

I　编织至第 5 行，用底线（橙色）编织锁 3 针·长针 2 针。最后引拔长针第 2 针之前，底线挂针休止，配色线（白色）挂于针尖，如箭头所示引拔。

2　引拔后，编织线替换成配色线。

3　用配色线编织 3 针长针，包住底线。最后引拔第 3 针之前，配色线挂针休止，底线挂于针尖，如箭头所示引拔。

4　引拔后，编织线替换成配色线。

5　用配色线编织 3 针长针，包住底线。最后引拔第 3 针之前，配色线挂针休止，底线挂于针尖，如箭头所示引拔。

6　引拔后，编织线替换成配色线。

7　重复步骤 3 ~ 6，编入花样制作一周。

重点教程　作品 98·99·I00 作品图 ▸ 第 69 页

啤酒花的组合方法

I　果实编织完成（替换颜色，方便线头识图）。

2　编织始端的线头穿针，织片卷曲成形，挑起起针，从底部穿针至顶端。

3　挑起起针，从顶端刺针回底部。

4　作品 99，钩针穿入底部的织片，线头挂针引拔，编织茎部的锁针（上图）。茎部编织完成状态（下图）。

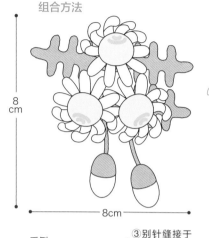

作品85

DMC Natura/绿色系（N21）…4g、白色（N02）…3g、黄色系（N75）…2g
别针/灰色（a-517）…1个 夹心棉…适量
钩针3/0号

尺寸…参照图示
作品图 ► 第60页
重点教程 ► 第61页

基底 （N21） 前后侧 各1片
参照第6页的基底编织图进行编织
前侧 基底编织图5行+1行（第6行同第5行无加减针编织30针）=共6行
后侧 基底编织图5行

组合方法

8cm

8cm

花 3个
花蕊（1~4行）—— =N75
花瓣 —— =N02

直径3cm

环

④ ① ①

花萼 （N21） 3片

② ①
环

※花瓣同花蕊及花萼对齐，塞入夹心棉，2片一并挑针编织（参照第61页）

后侧

③别针缝接于基底。

叶
花
茎a
茎b

②订缝接合于基底的前侧。

①反面对合基底的前侧及后侧，塞入夹心棉，卷针缭缝各内侧半针。

花蕾的花萼 （N21）
※编织末端的线头延长保留

② ①
环

花蕾 （N02） 2个
※编织末端的线头延长保留

② ①
环

叶 （N21）

3cm

花蕾的组合方法

茎部 （N21） a · b 各1根
a=2.5cm 锁（10针）
b=2cm 锁（7针）

花萼

2cm

花蕾

③接线于花萼，编织茎部。

②对齐花蕾及花萼的最终行，用花萼剩余的线头订缝接合两者。

①剩余的线头穿入最终行的全针一周，收紧（参照第45页"编织球的处理方法"）。

花 （N30） 3个

5cm

编织始端

② ③ ①

※第2行压向内侧，编织第3行
※卷针缭缝第1行的○和第3行的×

作品86

DMC Natura/紫色系（N30）…2g、绿色系（N48）…1g
别针/灰色（a-517）…1个
手工花用铁丝（#26）…11.5cm（3根※茎部用）· 10cm（1根※组合用）
丝带（宽0.5cm）…25cm
钩针3/0号

尺寸…参照图示
作品图 ► 第60页

花的组合方法

②铁丝（约2.5cm）的端部穿入花，订缝接合茎部及花。

①编织茎部。

茎部（N48）3根
7cm锁（18针）起针
※编织短针包住铁丝
（参照第45页）

2cm

12cm

花束的组合方法

1.5cm

束紧3根茎部，缠绕铁丝

后侧

①缝接别针。

②穿入丝带

12cm

丝带打结

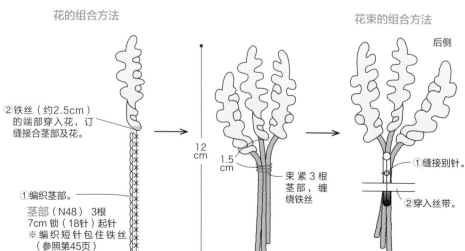

品77

尺寸…参照图示
品图 ► 第56页

a：OLYMPUS Emmy Grande/紫色系（778）…1g、黄色系（520）…少量
Emmy Grande（harbs）/粉色系（118）…1g
b：OLYMPUS Emmy Grande/紫色系（778）·紫色系（623）…各1g、黄色系（520）…少量
a·b：别针/银色（9-11-1）…1个
a·b：花边针0号

花　1个
按以下配色表分别同样编织第58页的作品78的花

花的配色表

	1行	2·3行	4行
a	520	778	118
b	520	778	623

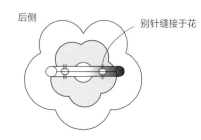

后侧　　别针缝接于花

组合方法

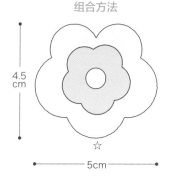

4.5cm

☆

5cm

作品87

尺寸…参照图示
作品图 ► 第60页
重点教程 ► 第61页

DMC Natura/紫色系（N30）…2g、绿色系（N48）·白色（N02）·绿色系（N21）·黄色系（N75）…各1g
别针/灰色（a-517）…1个　丝带（宽0.6cm）…25cm　夹心棉…适量
手工花用铁丝（#26）…11.5cm（2根※薰衣草的茎部用）·13.5cm（1根※甘菊的茎部a用）·15.5cm（1根※甘菊的茎部b用）·10cm（1根※组合用）
钩针3/0号

薰衣草的花·茎部　花（N30）2个　茎部（N48）2根
与作品86的花·茎部同样编织同样组合

甘菊的花　2个
与作品85的花同样配色同样编织

甘菊的花萼（N21）2片
与作品85的花萼同样编织

甘菊的叶（N21）1片
与作品85的叶同样编织

甘菊的茎部（N21）a·b各1根

编织包住铁丝（参照第45页）

编织始端

a=7.5cm 锁（20针）起针
b=9.5cm 锁（25针）起针

甘菊的花的组合方法

4.5cm

①茎部编织末端的铁丝端部穿入花萼的编织始端的线环，订缝接合。
②叶订缝接合于茎部。
茎b

※茎部a也省去步骤②，同样编织

组合方法

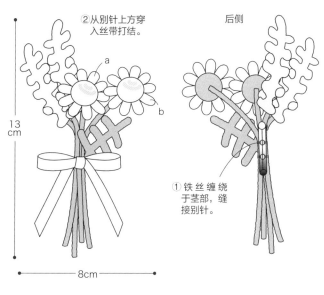

②从别针上方穿入丝带打结。
a
b
13cm
①铁丝缠绕于茎部，缝接别针。

后侧

8cm

作品96

尺寸…参照图示
作品图 ► 第68页

OLYMPUS Emmy Grande（colors）/绿色系（244）…2g、本色（804）…少量
Emmy Grande/绿色系（243）·黄色系（541）…各少量
别针/金色（9-11-6）…1个
花边针0号

花　1个
按以下配色同样编织第70页的作品95的花
第1~2行=243　第3行=541

叶（大）·叶（小）　大小 各1片
按以下配色同样编织第70页的作品97的叶（大）·（小）

ー＝（244）
＝＝（804）

基底（244）1片
参照第6页的基底编织图编织6行

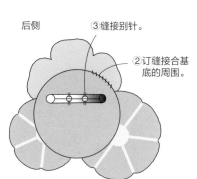

后侧　　③缝接别针。
②订缝接合基底的周围。

组合方法

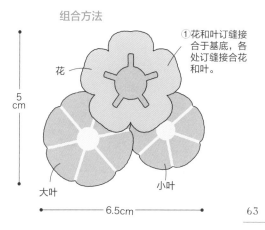

①花和叶订缝接合于基底，各处订缝接合花和叶。
花
5cm
大叶
小叶
6.5cm

Wild strawberry

野草莓

88

89

90

9I

编织方法 ► 作品88・89・9I-第66页　作品90-第73页　设计 / 编织　藤田智子

Sweet rocket & Oriental poppy

萝卜花 & 东方罂粟

92
萝卜花

93
东方罂粟

94
萝卜花 & 东方罂粟

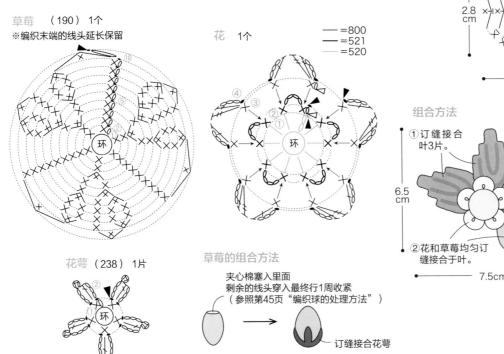

作品88

尺寸…参照图示
作品图 ► 第64页
钩针2/0号

OLYMPUS Emmy Grande（harbs）/绿色系（273）…2g、白色（800）·红色（190）…各1g
Emmy Grande/黄色系（520）·黄色系（521）·绿色系（238）…各少量
别针/银色（9-11-6）…1个 夹心棉…适量

叶 （273） 3片

2.8cm

╳ = 短针的扭针

编织始端 锁（7针）起针

3.5cm

草莓 （190） 1个
※编织末端的线头延长保留

花 1个

──=800
──=521
──=520

环

花萼 （238） 1片

环

草莓的组合方法
夹心棉塞入里面
剩余的线头穿入最终行1周收紧
（参照第45页"编织球的处理方法"）

订缝接合花萼

基底 （273） 1片
参照第6页的基底编织
图编织4行

组合方法
①订缝接合
叶3片。

6.5cm

②花和草莓均匀订
缝接合于叶。

7.5cm

后侧

③订缝接合
基底。

④别针缝接
于基底。

作品89

尺寸…参照图示
作品图 ► 第64页

OLYMPUS Emmy Grande（harbs）/白色（800）…3g、
红色（190）…1g
Emmy Grande/绿色系（238）·黄色系（520）…各1g、黄
色系（521）…少量
别针/银色（9-11-6）…1个
手工花用铁丝（#30）…11cm 夹心棉…适量
钩针2/0号

花 2个
按作品88的花同
样配色同样编织

草莓 （190） 1个
花萼 （238） 1片
} 按作品88的草莓
·花萼同样编织

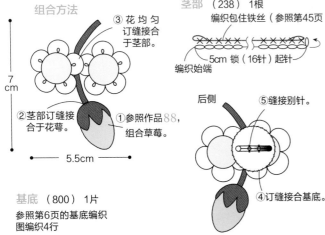

组合方法

③花均匀
订缝接合
于茎部。

7cm

②茎部订缝接
合于花萼。

①参照作品88，
组合草莓。

5.5cm

基底 （800） 1片
参照第6页的基底编织
图编织4行

茎部 （238） 1根
编织包住铁丝（参照第45页）

5cm锁（16针）起针
编织始端

后侧

⑤缝接别针。

④订缝接合基底。

作品91

尺寸…参照图示
作品图 ► 第64页

OLYMPUS Emmy Grande/绿色系（238）…3g、黄色系
（520）·黄色系（521）…各少量
Emmy Grande（harbs）/红色（190）…2g、白色
（800）…1g
别针/银色（9-11-6）…1个
手工花用铁丝（#30）…11cm（3根）夹心棉…适量
丝带（宽0.3cm）…20cm
钩针2/0号

草莓 （190） 2个
按作品88的草莓同样编织

花 1个
按作品88的花同样配色同样编织

花萼 （238） 2片
按作品88的花萼同样编织

茎部 （238） 3根
按作品89的茎部同样编织

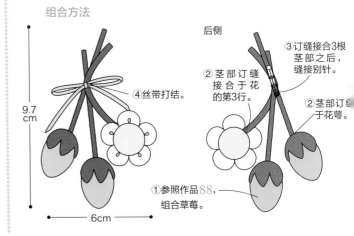

组合方法

9.7cm

后侧

④丝带打结。

①参照作品88，
组合草莓。

6cm

③订缝接合3根
茎部之后，
缝接别针。

②茎部订缝
接合于花
的第3行。

②茎部订缝
于花萼。

作品92

HAMANAKA 迪迪钩织/浅紫色（10）·黄绿色（24）…各2g、芥末黄（7）…1g
别针/银色（9-11-6）…1个
手工花用铁丝（#30）…14cm
钩织2/0号

尺寸…参照图示
作品图 ► 第65页

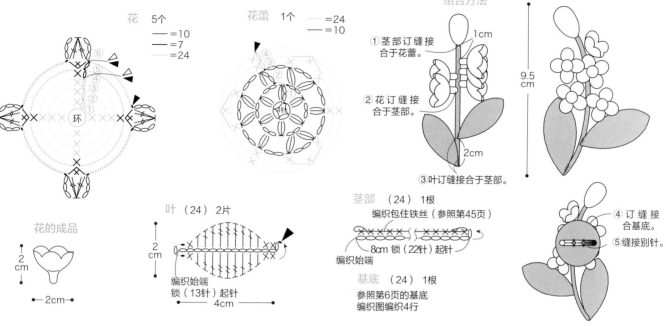

花 5个
── =10
── =7
── =24

花蕾 1个
── =24
── =10

组合方法

①茎部订缝接合于花蕾。
1cm

②花订缝接合于茎部。
2cm

③叶订缝接合于茎部。

9.5cm

④订缝接合基底。
⑤缝接别针。

花的成品
2cm
←2cm→

叶（24）2片
2cm
编织始端
锁（13针）起针
4cm

茎部（24）1根
编织包住铁丝（参照第45页）
8cm 锁（22针）起针
编织始端

基底（24）1根
参照第6页的基底
编织图编织4行

作品93

HAMANAKA 马海毛/红色（35）…4g、紫色（24）·绿色（79）…各1g 幅配尔/黄绿色（312）…2g
别针/银色（9-11-8）…1个
手工花用铁丝（#30）…14cm（2根）
钩织3/0号

尺寸…参照图示
作品图 ► 第65页
重点教程►第61页

※花第6行的编入花样
参照第61页

花
── =35
── =24

×（第3行）=挑起编织上一行的内侧半针

※▽的针圈重合于↓的针圈后侧，订缝接合第8行的各柱状

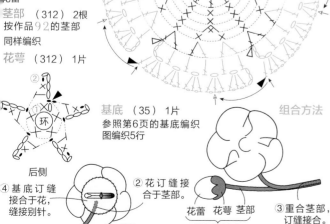

花蕾（79）1个
按（79）的1色同样编织作品92的花蕾

茎部（312）2根
按作品92的茎部同样编织

花萼（312）1片

基底（35）1片
参照第6页的基底编织图编织5行

组合方法

后侧
④基底订缝接合于花，缝接别针。
4.5cm

②花订缝接合于茎部。
花蕾 花萼 茎部
①订缝接合。
③重合茎部，订缝接合。
←11.5cm→

作品94

HAMANAKA 马海毛/玫瑰粉（49）…4g、红色（35）…3g、紫色（24）…2g 幅配尔/黄绿色（312）…2g
迪迪钩织/原色（2）…2g、芥末黄（7）·黄绿色（24）…各1g
别针/银色（9-11-8）…1个
手工花用铁丝（#30）…14cm（3根） 丝带（宽0.3cm）…25cm
钩针2/0·3/0号

尺寸…参照图示
作品图 ► 第65页
重点教程►第61页

东方罂粟的花
a·b各1个 3/0号
按以下配色表参照作品93的花同样编织

花的配色表

	a	b
──	35	49
──	24（紫）	24（紫）

茎部 a=（312）2根 3/0号
b=（24黄绿色）1根 2/0号
按作品92的茎部同样编织

①参照作品92，组合萝卜花。

萝卜花的花 5个 2/0号
按以下配色表参照作品92的花同样编织

花的配色表
──	2
──	7
──	24（黄绿）

花蕾 1个 2/0号
按以下配色表参照作品92的花蕾同样编织

花蕾的配色表
──	24（黄绿）
──	2

基底（49）1片 3/0号
参照第6页的基底编织图编织5行

组合方法

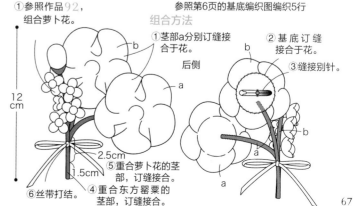

①茎部a分别订缝接合于花。
②基底订缝接合于花。
③缝接别针。

后侧
b
a

12cm
2.5cm
1.5cm

⑤重合萝卜花的茎部，订缝接合。
④重合东方罂粟的茎部，订缝接合。
⑥丝带打结。

67

Nasturtium

旱金莲

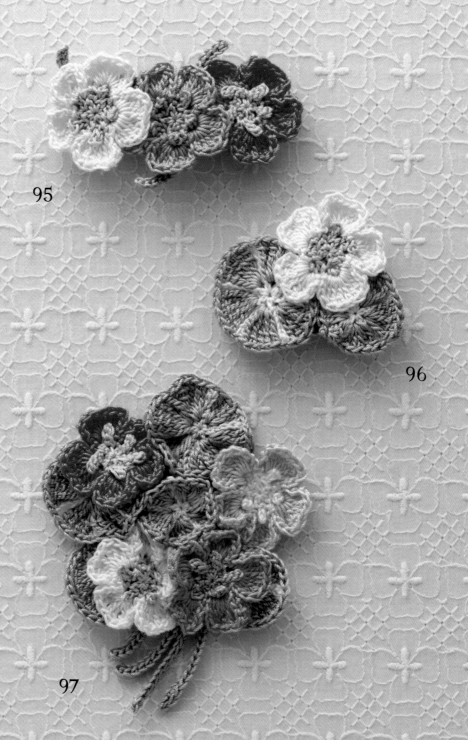

95

96

97

编织方法 ► 作品 95·97- 第 70 页　作品 96- 第 63 页　设计 / 编织　镰田惠美子

Hop

啤酒花

98

99

100

编织方法 ◆ 第71页　设计 / 编织　镰田惠美子

作品**95**

OLYMPUS Emmy Grande（colors）/绿色系（244）…2g、橙色系（172）·橙色系（555）…各少量
Emmy Grande/绿色系（243）·黄色系（541）…各少量
Emmy Grande（harbs）/绿色系（273）…少量
别针/金色（9-11-8）…1个
花边针0号

尺寸…参照图示
作品图 ► 第68页

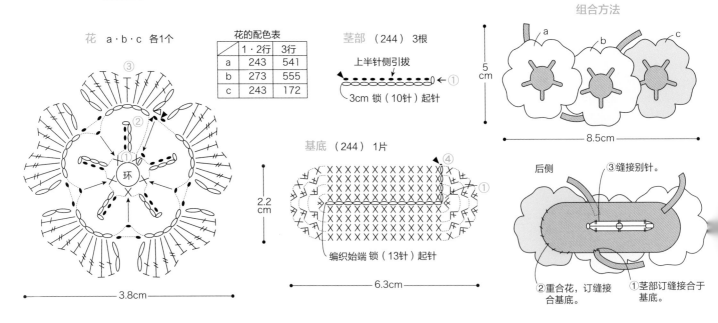

花　a·b·c　各1个

花的配色表

	1·2行	3行
a	243	541
b	273	555
c	243	172

③

②

①

环

3.8cm

茎部　（244）3根

上半针侧引拔

◀　　　　　←①

3cm 锁（10针）起针

基底　（244）1片

④

①

2.2
cm

编织始端 锁（13针）起针

6.3cm

组合方法

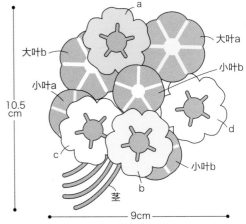

a　　b　　c

5
cm

8.5cm

后侧　　　③缝接别针。

②重合花，订缝接
合基底。

①茎部订缝接合于
基底。

作品**97**

OLYMPUS Emmy Grande（colors）/绿色系（244）…6g、本色（804）·橙色系（172）·橙色系（555）…各少量
Emmy Grande/黄色系（541）·黄色系（521）·绿色系（243）…各少量
Emmy Grande（harbs）/绿色系（273）·绿色系（252）…各少量
别针/金色（9-11-8）…1个
花边针0号

尺寸…参照图示
作品图 ► 第68页

花　a·b·c·d　各1个
按以下配色表参照作品95的花同样编织

花的配色表

	1·2行	3行
a	243	172
b	273	555
c	243	541
d	541	521

茎部　（244）1片

上半针侧引拔

◀

4cm（17针）
3.5cm（15针）

编织始端

3cm（13针）

基底　（244）1片
参照第6页的基底编织图编织8行

组合方法

①花和叶订缝接合于基底。

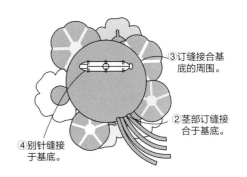

大叶a
大叶b

小叶a

小叶b

小叶b

a

b

c

d

茎

10.5
cm

9cm

叶（大）a·b　各1片

a { — =244
　 — =252 }　b { — =244
　 — =804 }

叶（小）a 1片 b 2片

a { — =244
　 — =252 }　b { — =244
　 — =804 }

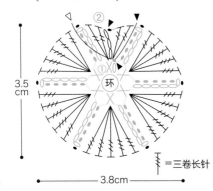

②
①
环

3.5
cm

3.8cm

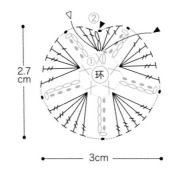

②
①
环

2.7
cm

3cm

=三卷长针

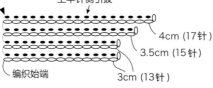

③订缝接合基
底的周围。

②茎部订缝接
合于基底。

④别针缝接
于基底。

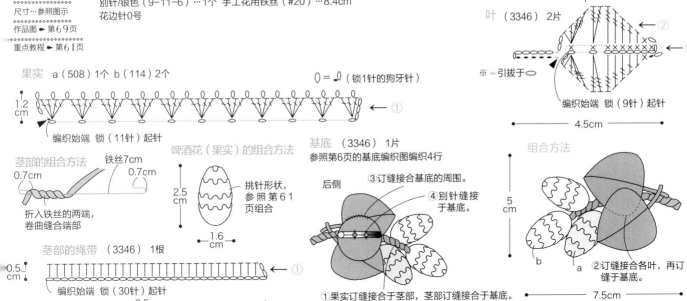

作品98

尺寸…参照图示
作品图 ► 第69页
重点教程 ► 第61页

DMC BABYLO（10号）/绿色系（3346）…2g、绿色系混纺（114）…1g、
绿色系（508）…少量
别针/银色（9-11-6）…1个　手工花用铁丝（#20）…8.4cm
花边针0号

果实　a（508）1个　b（114）2个

○ = ○○（锁1针的狗牙针）

←①

编织始端　锁（11针）起针

1.2cm

叶（3346）2片

✦ = 三卷长针

※ ── 引拔于

编织始端　锁（9针）起针

4.5cm

茎部的组合方法

铁丝7cm
0.7cm　　0.7cm

折入铁丝的两端，
卷曲缝合端部

啤酒花（果实）的组合方法

挑针形状，
参照第61
页组合

2.5cm

1.6cm

基底（3346）1片
参照第6页的基底编织图编织4行

后侧

③订缝接合基底的周围。
④别针缝接于基底。

①果实订缝接合于茎部，茎部订缝接合于基底。

组合方法

5cm

②订缝接合各叶，再订缝于基底。

a
b

7.5cm

茎部的绳带（3346）1根

0.5cm

←①

编织始端　锁（30针）起针

9.5cm

作品99

尺寸…参照图示
作品图 ► 第69页
重点教程 ► 第61页

DMC BABYLO（10号）/绿色系（3346）…1g、绿色系（508）·绿
色系混纺（114）…各少量
别针/银色（6-14-7）…1个
花边针0号

果实　a（114）·c（3346）各1个　b（508）2个
按作品98的果实同样编织同样组合

叶（3346）1片
按作品98的叶同样编织

组合方法

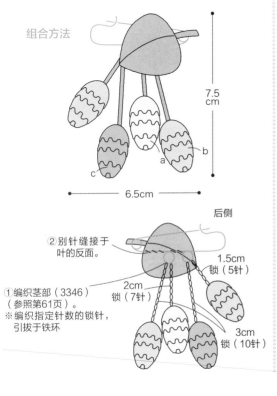

7.5cm

6.5cm

a
b
c

后侧

②别针缝接于
叶的反面。

①编织茎部（3346）
（参照第61页）
※编织指定针数的锁针，
引拔于铁环

1.5cm
锁（5针）

2cm
锁（7针）

3cm
锁（10针）

作品100

尺寸…参照图示
作品图 ► 第69页
重点教程 ► 第61页

DMC BABYLO（10号）/绿色系（3346）…6g、黄色系混纺（111）…2g
别针/银色（9-11-6）…1个　手工花用铁丝（#20）…20cm
花边针0号

果实　a（3346）·b（111）各3个
按作品98的果实同样编织同样组合

叶（3346）3片
按作品98的叶同样编织

基底（3346）1片
参照第6页的基底编织图编织4行

花环的组合方法

1cm 1cm

约5.5cm

用铁丝制
作成环形

缠绕花环的绳带，
订缝接合端部

花环的绳带（3346）1根

0.5cm

←①

编织始端　锁（100针）起针

30cm

后侧

③夹住花环，基
底缝接于叶。
④别针缝接于基底。

①果实订缝接合于花环。

②叶订缝接合于花环的正面。

组合方法

8.5cm

a
b

8.5cm

本书所用线的介绍

1

※ 图片同实物等大

2

3

4

5

6

7

8

9

10

11

12

13

14

15

16

OLYMPUS 制线

1 ＊ Emmy Grande
棉 100%
·50g 一卷　约 218m　45 色
·100g 一卷　约 436m　3 色
　花边针 0 号~钩针 2/0 号
----

2 ＊ Emmy Grande(harbs)
棉 100%　20g 一卷　约 88m　18 色
花边针 0 号~钩针 2/0 号
----

3 ＊ Emmy Grande(colors)
棉 100%　10g 一卷　约 44m　26 色
花边针 0 号~钩针 2/0 号
----

4 ＊ Emmy Grande(碎白点)
棉 100%　25g 一卷　约 109m　5 色
花边针 0 号~钩针 2/0 号
----

5 ＊ Emmy Grande(lame)
棉 96%·涤纶 4%
25g 一卷　约 106m　8 色
花边针 0 号~钩针 2/0 号
----

6 ＊ cottoncuore(lame)
棉(埃及棉) 97%·涤纶 3%
30g 一卷　约 118m　8 色
钩针 3/0 号~钩针 4/0 号

DMC 制线

7 ＊ BABYLO 10 号
棉 100%
·50g 一卷　约 267m　39 色
·100g 一卷　约 533m　4 色
　花边针 2 ~ 0 号
----

8 ＊ CEBELIA 10 号
长绒棉 100%
50g 一卷　约 270m
31色(彩色)·8色(基本色)
花边针 2 ~ 0 号
----

9 ＊ Natura
棉 100%
50g 一卷　约 155m　60 色
钩针 5/0 号

HAMANAKA 制线

10 ＊ 迪迪钩织
棉 100%(埃及棉)
40g 一卷　约 170m　26 色
钩针 2/0 ~ 3/0 号
----

11 ＊ 幅配尔
腈纶65%·羊毛(美利奴)35%
50g 一卷　约 205m　24 色
钩针 3/0 号
----

12 ＊ 华仕歌德钩织
棉 64%·涤纶 36%
25g 一卷　约 104m　27 色
钩针 3/0 号
----

13 ＊ 华仕歌德
棉 64%·涤纶 36%
40g 一卷　约 102m　24 色
钩针 4/0 号
----

14 ＊ 和麻纳卡 马海毛
腈纶 65%·马海毛 35%
25g 一卷　约 100m　36 色
钩针 4/0 号
----

15 ＊ 亚美图麻
麻(亚麻) 100%
25g 一卷　约 42m　19 色
钩针 5/0 号
----

16 ＊ 酷拉
人造棉 69%·棉 31%
30g 一卷　约 90m　13 色
钩针 5/0 号

＊ 1 至 16 从左至右分别为线名→含量→规格→线
长→色数→适用针。
＊色数为 2013 年 10 月实时信息。
＊印刷刊物，图片中的线同实物会有些色差。

作品 9

OLYMPUS Emmy Grande/绿色系（251）···5g Emmy Grande（harbs）/白色（800）···4g Emmy Grande（colors）/绿色系（244）···2g
别针/银色（9-11-8）···1个 手工花用铁丝（#26）···9cm
花边针0号

尺寸···参照图示
作品图 ► 第9页

花瓣 （800） 1片
按第11页的作品8的花瓣同样编织

花蕊 1片
以下配色参照第11页的作品7的花蕾同样编织，同样组合
~6行=（251） 7行=（800）

叶（251） 2片
按第11页的作品7的叶同样编织

花萼 （244） 2片
按第11页的作品7 的花萼同样编织

茎部 （244） 1根
按第11页的作品7的茎部b同样编织同样组合

组合方法

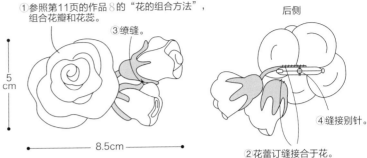

①参照第11页的作品8的"花的组合方法"，组合花瓣和花蕊。
③缭缝
5cm
8.5cm
后侧
④缝接别针。
②花蕾订缝接合于花。

作品10

OLYMPUS Emmy Grande/黄色系（808）···12g、本色（804）···6g、绿色系（238）···4g
别针/银色（9-11-8）···1个
花边针0号

尺寸···参照图示
作品图 ► 第9页

花瓣 a（804） 1片 b（808） 2片
按第11页的作品8的花瓣同样编织

花蕊 a（804） 1片 b（808） 2片
按第11页的作品7的花蕾同样编织同样组合

叶（238） 6片
按第11页的作品7的叶同样编织

组合方法

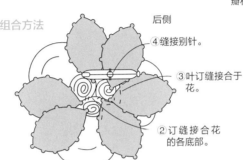

后侧
④缝接别针。
③叶订缝接合于花。
②订缝接合花的各底部。

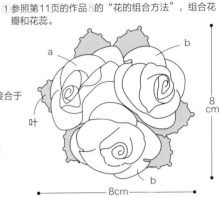

①参照第11页的作品8的"花的组合方法"，组合花瓣和花蕊。
a b
叶
b
8cm
8cm

作品51

OLYMPUS Emmy Grande/白色（801）···2g
Emmy Grande（harbs）/绿色系（273）·黄色系（582）···各少量
别针/银色（9-11-6）···1个
花边针0号

尺寸···参照图示
作品图 ► 第37页

花 1个
按第39页的作品52的波斯菊同样配色同样编织

基底 （801） 1片
参照第6页的基底编织图编织4行

茎部 （273） 1根 里山侧引拔

编织始端 锁（20针）起针
5.5cm

组合方法

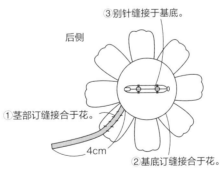

③别针缝接于基底。
后侧
①茎部订缝接合于花。
4cm
②基底订缝接合于花。

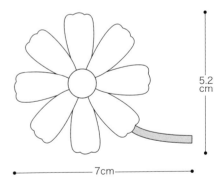

5.2cm
7cm

作品90

OLYMPUS Emmy Grande（harbs）/白色（800）·绿色系（273）···各2g
Emmy Grande/黄色系（520）···1g、黄色系（521）···少量
别针/银色（9-11-6）···1个
钩针2/0号

尺寸···参照图示
作品图 ► 第64页

花 2个
按第66页的作品88的花同样配色同样编织

叶（273） 3片
按第66页的作品88的叶同样编织

基底 （273） 1片
参照第6页的基底编织图编织4行

组合方法

①订缝接合叶3片
5.5cm
②花订缝接合于叶的上方。
6.5cm

后侧
③底座。
④缝接别针。

作品 12

尺寸…参照图示
作品图 ► 第12页
重点教程 ► 第5页

LYMPUS Emmy Grande/粉色系（104）…3.5g、绿色系（238）…2.5g
Emmy Grande（碎白点）/粉色系（11）…3.5g
别针/银色（9-11-8）…1个
花边针0号、钩针2/0号

花蕾a （104）
b2片 c·d·e各1片 0号 } 按第14页的作品11
叶a（238）1片 2/0号 } 的各零件同样编织

花蕾a （104）1片 0号 } 按第14页的作品13的各
花蕾b（11）2片 0号 } 零件同样编织同样组合
花萼（238）3片 2/0号

基底 （238）1片 2/0号
参照第6页的基底编织图编织7行

花 b·c·d·e b2片 c·d·e各1片
按以下配色表参照第14页的作品11的花a至
指定花瓣的编号同样编织

花的配色表

	花瓣数	颜色编号
花b	①～⑤	104
	⑥～⑬	11
花c	①～③	104
	④～⑬	11
花d	①～②	104
	③～⑧	11
花e	①～②	104
	③～⑥	11

组合方法

花蕾a
花b
花c
花e
花a
叶a
叶d
叶b
花蕾b

7cm
7.4cm

①用别针将花·叶·花蕾预固定于基底，看
着反面订缝接合基底的周围和各零件。
②各处订缝接合各花。

③别针缝接
于基底。

后侧

作品 23

尺寸…参照图示
作品图 ► 第20页
重点教程 ► 第17页

DMC CEBELIA（10号）/蓝色系（799）…3g、白色（BLANC）·黄色系（726）·绿色
系（989）…各2g
别针/灰色（9-11-2）…1个
手工用铁丝（#26）…14.5cm（2根※花a用茎部·滨菊用茎部）·13cm（1根※花b用茎部）
夹心棉…适量 丝带（宽0.6cm）…20cm
花边针2号

蓝雏菊的花·花蕊·花萼 各2片
按第22页的作品20的各零件同样配色同样编
织，并同样组合

蓝雏菊的叶 （989）1片
按第22页的作品20的叶同样编织

茎部 （989）
按以下针数参照第22页的作品20的茎部同样编织
花a·滨菊用茎部=8.5cm 锁（40针）各1根
花b用茎部=7cm 锁（33针）1根

滨菊的花 2个
按第22页的作品21的滨菊同样配色同样编织

滨菊的花萼 （989）2片
按第22页的作品20的花萼同样编织

滨菊的组合方法

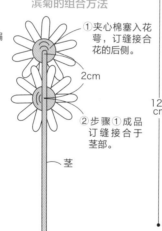

①夹心棉塞入花
萼，订缝接合
花的后侧。

2cm

②步骤①成品
订缝接合于
茎部。

茎

组合方法

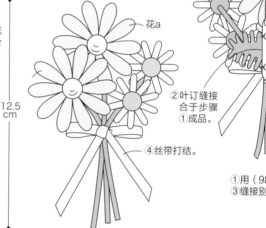

后侧

花a

12.5cm

7cm

①用（989）组合3根茎部。
②叶订缝接合于步骤①成品。
③缝接别针。
④丝带打结。

作品 33

尺寸…参照图示
作品图 ► 第28页

HAMANAKA 华仕歌德钩织/白色（101）…3g、黄绿色（107）·黄色（104）…各1.5g
迪迪钩织/橙色（6）…6g
别针/银色（9-11-2）…1个 丝带（宽0.4cm）…22cm
钩针2/0号

花瓣·花蕊a·花蕊b 花a·b各1片
按以下配色表参照第30页的作品
34的各零件同样编织，并同样组合

花的配色表

	花瓣	花蕊a	花蕊b
花a	6	104	107
花b	101	107	104

基底 （6）1片
参照第6页的基底编织图编织7行

茎部 （107）2根

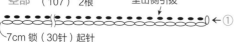

里山侧引拔
7cm 锁（30针）起针

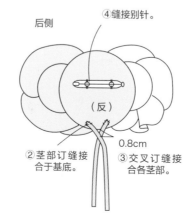

后侧

④缝接别针。

（反）

②茎部订缝接
合于基底。

0.8cm

③交叉订缝接
合各茎部。

组合方法

①参照第30页的作品34的组合方
法，组合花瓣·花蕊a·花蕊b。

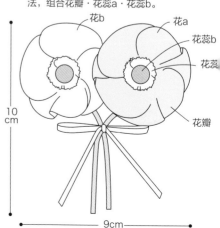

花b
花a
花蕊b
花蕊
花蕊
花瓣

10cm

9cm

| 记号图的识别方法 |

根据日本工业标准（JIS）规定，记号图均为显示实物正面状态。
钩针编织没有下针及上针的区别（引上针除外），即使下针及上针交替看着编织的平针，记号图的表示也相同。

| 锁针的识别方法 |

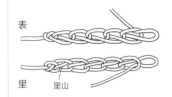

锁针分为表侧及里侧。里侧的中央1根突出侧为锁针的"里山"。

◇ 从中心编织成圆形

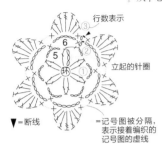

行数表示

立起的针圈

环

▼＝断线

＝记号图被分隔，表示接着编织的记号图的虚线

中心制作线环（或锁针），每一行都按圆形编织。各行的起始处接起编织。基本上，看向织片的正面，按记号图从右至左编织。

◇ 平针

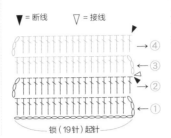

▼＝断线　▽＝接线

→④　←③　→②　←①

锁（19针）起针

左右立起为特征，右侧带立起时看向织片正面，按记号图从右至左编织。左侧带立起时看向织片背面，按记号图从左至右编织。图为第3行替换成配色线的记号图。

| 线和针的拿持方法 |

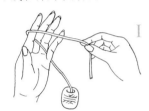

I　将线从左手的小拇指和无名指之间引出至内侧，挂于食指，线头出于内侧。

2　用大拇指和中指拿住线头，立起食指撑起线。

3　针用大拇指和食指拿起，中指轻轻贴着针尖。

| 初始针圈的制作方法 |

I　如箭头所示，针从线的外侧进入，并转动针尖。

2　再次挂线于针尖。

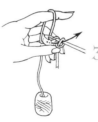

3　穿入线环内，线引出至内侧。

4　拉住线头、拉收针圈，初始针圈完成（此针圈不计入针数）。

| 起针 |

环

从中心编织成圆形
（线头制作线环）

I　左手的食指侧绕线2圈制作线环。

2　抽出手指，钩针送入线环后挂线，并引出至内侧。

引出的针圈

3　再次挂线于针尖引出线，编织2针立起的锁针。

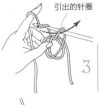

4　第1行将钩针送入线环中，编织所需针数的短针。

5　先松开针，拉住起始线环的线及线头，拉收线环。

6　在第1行的末端，钩针送入初始短针的头部后引拔。

6

从中心编织成圆形
（锁针制作线环）

I　编织所需针数的锁针，入针于初始锁针的半针，并引拔。

2　挂线于针尖引出，编织立起的锁针。

3　第1行入针于线环中，锁针挑起束紧，编织所需针数的短针。

4　在第1行的末端，入针于最初短针的头部，并引拔。

| 起针 |

平针

I 立起的锁1针

编织所需针数的锁针及立起的锁针，入针于端部第2针锁针，挂线引拔。

2 挂线于针尖，引出线。再次挂线于针尖，2线袢一并引拔。

3 第1行编织完成（立起的锁1针不计入针数）。

| 上一行针圈的挑起方法 |

即使是相同的泡泡针，针圈的挑起方法也会因记号图而改变。记号图下方闭合时编入上一行的1针，记号图下方打开时挑起束紧编织上一行的锁针。

编入1针

I

2

挑起束紧编织锁针

I

2

| 针法记号 |

锁针

I 制作初始针圈，挂线于针尖。

2 引出挂上的线，锁针完成。

3 同样方法，重复步骤I及2进行编织。

4 5针
锁针5针完成。

引拔针

I 入针于上一行针圈。

2 挂线于针尖。

3 线一并引拔。

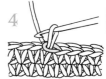

4 引拔针1针完成。

×

短针

I 入针于上一行。

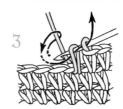

2 挂线于针圈，线袢引出至内侧。

3 再次挂线于针尖，2线袢一并引拔。

4 短针1针完成。

T

中长针

I 挂线于针尖，入针于上一行针圈后挑起。

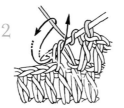

2 再次挂线于针尖，引出至内侧。

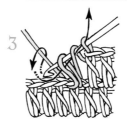

3 挂线于针尖，3线袢一并引拔。

4 中长针1针完成。

长针

I

挂线于针尖，入针于上一行针圈，再次挂线引出至内侧。

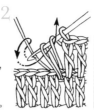

2

如记号所示，挂线于针尖引拔2线祥（此状态称作"未完成的长针"）。

3

再次挂线作于针尖，如箭头所示引拔余下的2线祥。

4

长针1针完成。

加长针

三卷长针

※（）内为三卷长针的针数

I

绕线于针尖2圈（3圈），入针于上一行针圈，挂线后引出线祥至内侧。

2

如箭头所示挂线于针尖，引拔2线祥。

3

同步骤2重复2次（3次）。

4

加长针1针完成。

短针2针并一针

I

如箭头所示，入针于上一行1针，引出线祥。

2

下个针圈采用同样方法，并引出线祥。

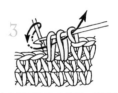

3

挂线于针尖，3线祥一并引出。

4

短针2针并一针完成。比上一行减少1针。

短针2针编入

短针3针编入

I

编1针短针。

2

进入同一针线圈引出线祥编短针。

3

已编入2针短针（比上一行多1针状态）。

4

再编1针短针，已编入3针完成（比上一行多2针状态）。

锁3针的引拔狗牙针

I

编织锁3针

2

入针于短针的头半针及底1根。

3

挂线于针尖，如箭头所示一并引拔。

4

引拔狗牙针完成。

长针2针并一针

I

上一行的1针侧制作未完成的长针1针，钩针如箭头所示送入下个针圈引出。

2

挂线于针尖，引拔2线祥，制作第2针未完成的长针。

3

挂线于针尖，如箭头所示3线祥一并引拔。

4

长针2针并一针完成。比上一行减少1针。

长针2针编入

I 已编织1针长针的相同针圈侧，再次编入1针长针。

2 挂线于针尖，引拔2线袢。

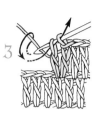

3 再次挂线于针尖，引拔余下的2线袢。

4 1针侧编入2针长针。比上一行增加1针。

长针3针的泡泡针

I 上一行针圈侧编织1针未完成的长针。

2 入针于相同针圈，接着编织2针未完成的长针。

3 挂线于针尖，挂于针的4线袢一并引拔。

4 长针3针的泡泡针完成。

中长针3针的变形泡泡针

I 上一行相同针圈侧编织3针未完成的中长针。

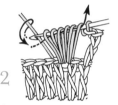

2 挂线于针尖，先引拔6线袢。

3 再次挂线于针尖，引拔余下的2线袢。

4 中长针3针的变形泡泡针完成。

表引长针

※往返针看着反面编织时，编织里引上针。

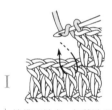

I 挂线于针尖，如箭头所示从表侧入针于上一行长针底部。

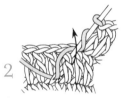

2 挂线于针尖，延长引出线。

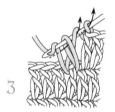

3 再次挂线于针尖，引拔2线袢。再次重复相同动作。

4 表引长针完成。

短针的扭针

※短针以外记号的扭针按相同要领挑起上一行的外侧半针，编织指定的记号。

I 看着每行正面编织。整周编织短针，引拔于初始的针圈。

2 编织立起的锁1针，挑起上一行外侧半针，编织短针。

3 同样按照步骤2要领重复，继续编织短针。

4 上一行的内侧半针为扭转状态。编织完成短针的扭针第3行。

短针的畦针

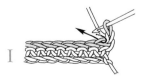

I 如箭头所示，入针于上一行针圈的外侧半针。

2 编织短针，下一针圈同样入针于外侧半针。

3 编织至端部，改变织片方向。

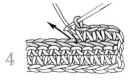

4 同步骤1及2，入针于外侧半针，编织短针。

| 捲线绣 |

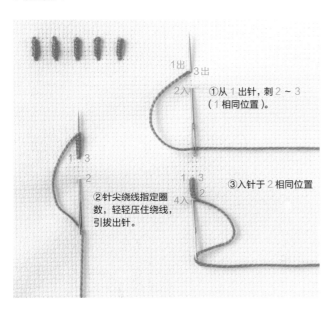

①从 1 出针，刺 2 ~ 3（1 相同位置）。

②针尖绕线指定圈数，轻轻压住绕线，引拔出针。

③入针于 2 相同位置

| 直针绣 |

| 法式结粒绣 |

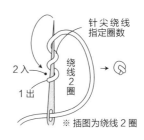

针尖绕线指定圈数

绕线 2 圈

※ 插图为绕线 2 圈

❖ 纤维线的编织方法 ❖

线头

1 线头留约成品 3 倍长度，制作最初的针圈（参照第 75 页）。

2 剩余的线头从内侧挂于外侧，另一侧的编织线挂针引拔。

3 重复步骤 2，编织所需针数。

4 编织末端不挂线头，仅编织挂针引出。

❖ 其他基础 索引 ❖

编织短针于铁丝的方法 … P45

玫瑰（花 a）的组合方法 … P5

编织球的处理方法 … P45

别针的缝接方法 … P45

内 容 提 要

你知道什么是"英式花园"吗？"英式花园"就是极力表现优美自然风景的英式庭院。本书介绍的毛线胸花都是各种盛开于"英式花园"中的花草。按照书中教程制作而成的手编"英式花园"，使人仿佛置身于真正的英式庭院当中，近距离感受花朵的精致与美丽。色彩斑斓的精美毛线胸花，让我们一起用心学习如何编织吧！

北京市版权局著作权合同登记号：图字 01-2014-2452 号

はじめてのかぎ針編みイングリッシュガーデンのコサージュ

Copyright ©eandgcreates 2013

Original Japanese edition published by eandgcreates

Chinese simplified character translation rights arranged with eandgcreates

Through Shinwon Agency Beijing Office

Chinese simplified character translation rights © 2016 by China WaterPower Press

图书在版编目（ＣＩＰ）数据

一看就会的钩针编织100例. 英伦风格篇 / 日本E&G
创意编著；韩慧英，陈新平译. -- 北京 : 中国水利水
电出版社，2016.4（2024.3 重印）
ISBN 978-7-5170-4259-4

Ⅰ．①一… Ⅱ．①日… ②韩… ③陈… Ⅲ．①钩针—
编织—图集 Ⅳ．①TS935.521-64

中国版本图书馆CIP数据核字(2016)第078965号

责任编辑：邓建梅　　加工编辑：董梦歌　　封面设计：梁　燕

书　　名	一看就会的钩针编织 100 例（英伦风格篇）
作　　者	【日】E&G 创意　编著 韩慧英　陈新平　译
出版发行	中国水利水电出版社 （北京市海淀区玉渊潭南路 1 号 D 座　100038） 网址：www.waterpub.com.cn E-mail：mchannel@263.net（答疑） 　　　　sales@mwr.gov.cn 电话：（010）68545888（营销中心）、82562819（组稿）
经　　售	北京科水图书销售有限公司 电话：（010）68545874、63202643 全国各地新华书店和相关出版物销售网点
排　　版	北京万水电子信息有限公司
印　　刷	天津联城印刷有限公司
规　　格	210mm×260mm　16 开本　5 印张　120 千字
版　　次	2016 年 4 月第 1 版　　2024 年 3 月第 9 次印刷
印　　数	34001—38700 册
定　　价	39.90 元